ジャクソン・ギャラクシーの猫を幸せにする部屋づくり

ジャクソン・ギャラクシー
ケイト・ベンジャミン

X-Knowledge

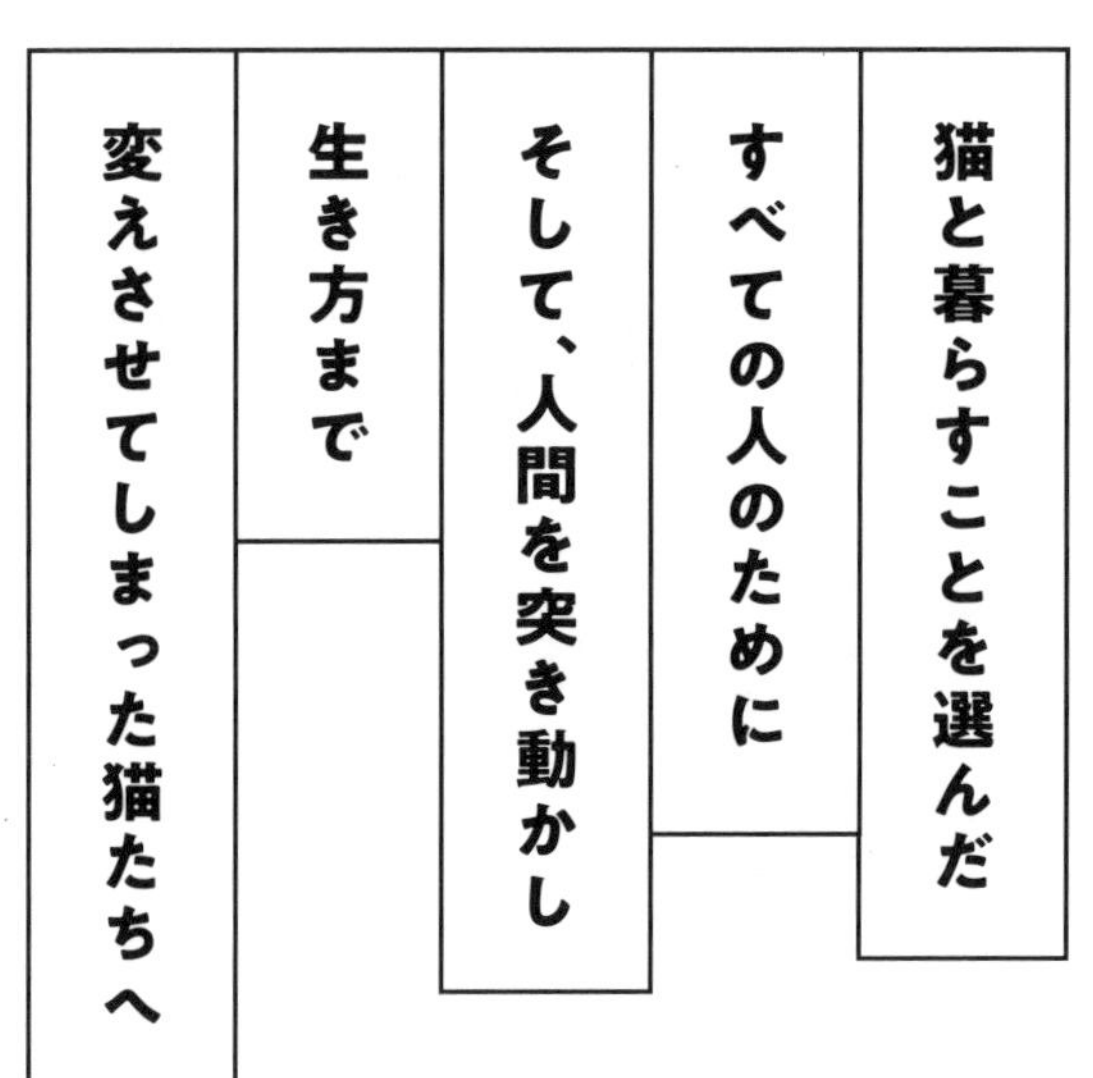

本書は、2017年3月に刊行された
『猫のための部屋づくり』を再編集したものです。

Contents

Catification Essentials

翻訳協力　株式会社トランネット
デザイン　鈴木沙季（細山田デザイン事務所）
DTP　橋本 葵（細山田デザイン事務所）
カバーイラスト　金安 亮

ジャクソンからのメッセージ

A note from Jackson

今こそ「キャットガイ」になるときだ。

私が動物相手の仕事を始めたのは、1993年頃、コロラド州ボールダーにある動物保護施設でのことだった。1週間もすると、施設の猫がやたらと私になつくのを見た他の職員は、この新入りはどうやら「猫人間」だと察したらしい。ほどなく私は「キャットボーイ」の名を頂戴し、猫語を解さない同僚に、猫についての一切合切を説明するのが仕事になった。厄介な仕事ではあったが、これは私としても望むところだった。

当時、猫は人間とは「別のもの」というのが一般的な感覚だった。世間の人たちからすれば、保護施設の職員が猫の行動に頭を悩ませているなどとは思いも寄らぬことだったろう。ある程度知識と技術が身につくと、私と同じ探究心に満ちた仕事仲間を見つけようと、他の保護施設にも足を伸ばした。身寄りのない動物の世話に人生を投げ打つ人たちほど思いやりのある連中はいない。とはいえ、私たち保護施設の職員は窮地に立たされていた。私たちは、人間には理解しかねる行動を取る猫を「譲渡不適格」として分類していたのだ。当時の現実では、「譲渡不適格」は「安楽死」を意味する。この事態にキャットボーイはこの上ない切迫感を覚えた。

保護施設を辞め、個人で仕事をするようになると、解決不可能に思える難問が私をたえず悩ませることになった。飼い主が問題のある猫を「処分する」のではなく、その問題を解決してほしいと私に仕事を依頼してくれるのは、もちろんすばらしいことだ。しかし同時に、猫のトイレやおもちゃ、ツリーを隠して設定するのではなく、むしろもっと増やせば、問題は解決しますよと進言しても、そのような提案はひどく嫌がられた。問題を解決したいという思いはどちらも同じだったが、多くの飼い主にとって、私の解決案はデザイン性において耐え難いものだったのだ。出会った飼い主の大半は、そんなことをすれば、この家が「猫ホリックの猫屋敷」になってしまうと、うろたえていた。

もちろん私は私で、こんなことで美的パニックに陥ってしまう依頼人の感覚にうろたえていた。それは、単にリビングに猫のトイレを置きたくないという問題ではなく、猫への思いやり、猫にかける労力、猫への愛情といったものの欠如を象徴的に示していた。犬の場合であれば、毛布やおもちゃ、皿、ベッドなどを家中に広げても何とも思わない。我が子を人目に付かないようにすることがないのと同じく、犬の存在も隠したりはしない。一方の猫はというと、実際に家庭で飼われていることを知る機会はほとんどなく、路線バスの後部にかしこまって乗っているのをたまに見るくらいだった。

そして20年が経ち、私は幸運にも猫のルネッサンスを目の当たりにしている。猫は今、飼いならされてきた歴史のどの時期よりも、人気を博している。現在、私たちはインターネットを通して、むさぼるように猫の画像を楽しみ、何千万もの人によってアップされた猫の動画を鑑賞し（世界的に有名になった猫すらいる）、動物の救助に努める人たちに感謝しつつ、大量の猫を貰い受けている。何万年もの間、農場のネズミの数を抑えるなどして、有用な動物との評判を得ていた猫は、正真正銘の人間の伴侶になった。

猫が人間の伴侶になったことで、実に驚くべき変化が起こった。深いところで、私たち人間は、猫の生活向上のために何ができるだろうかと問うばかりでなく、猫が人間のためにしてくれることにも気づくようになってきているのだ。今では猫は、何百万もの飼い主によって、互いに協力し合う家族の一員、無償の愛の使者だと見なされている。犬とは違って、猫は愛情や忠誠心を示さない――このことを私たちは十分承知しているので、十分な時間をかけて、猫語という新しい言語を学ぼうとしているところなのだ。

本書をインテリアデザインの実例集だと思っている人もいるだろうが、それだけの本ではない。猫のトイレを増やすのを嫌がることが猫を恥ずかしく思っていることを象徴的に示していたのと同様に、本書の内容は、猫への愛を象徴している。本書は「猫教信者」の過度な思い入れを示しているのではなく、人間全体の成熟ぶりを例証しているのだ。私の信念の核にあるのは、動物世界との有意義な関係が、私たちを人間として完成させるという認識だ。人間が猫を「支配」するのは自然の摂理なのだから、猫の心身両面におけるニーズなど考慮せず、力ずくで従わせればよい、というような発想は、今ではすっかり時代遅れの考え方だ。今、猫とうまく暮らしていけるかどうかは飼い主の妥協する力にかかっていると言ってもいいくらいだ。猫の言葉を学び、環境を猫に適したものに作り変えていこうとする裏には、動物の幸福のためには妥協することも厭わないという人間の意志がある。このことは、人間の進化の象徴であるように思える。この先、人間と猫の関係がどうなっていくのかを考えると、未来は明るい。

本書は猫賛美の書である。人間の快適さだけでなくペットの快適さにも気を配っていることを誇らしく主張している家は、単に美しいだけでない。動物保護施設の職員や里親となった人たちにとっては、感謝の涙を流したくなる対象なのだ。猫は、その歴史において、重要なハードルをひとつ越えた。これまでの歴史は苦労の連続であったに違いない。**キャットリフォーム――猫が幸せに暮らせるように、部屋に工夫を施すこと――**私たちは、猫を神聖なものとして崇め、人間の家族といっしょに埋葬した古代エジプト人のようになりつつあることを意味するのだろうか？おそらくそうではない。けれども、猫を称揚することは、自分の飼い猫だけでなく、すべての猫を気づかうことだ。現在、急進的な活動家ばかりでなく、あらゆる立場の人間が、猫の生死に関心を持ち始めている。だから、死なずにすむ猫の数は増え、毎年何百万匹もの猫が命を救われるような時代がもうすぐやってくる。だから今が、「キャットガイ」になるには絶好の時期なのだ。

はじめに

Introduction

玄関で温かく出迎えてくれる生き物。寒い夜にはベッドを温めてくれる毛むくじゃらの生き物。膝の上で体を丸め、のどをゴロゴロ鳴らしている生き物。猫との暮らしは、他のペットでは味わうことができない喜びをもたらしてくれる。優雅で聡明で愛情深いこの動物は、人間の家に入り込むと同時に、人間の心にも入り込んだ。猫が与えてくれるものの見返りに、私たち人間は責任ある保護者として、猫が幸福で、健康で、安全で、刺激のある環境で生きるのに必要なものを用意する義務がある。

猫が健康で長生きするには、室内飼いが最良の方法だ。猫には高いところに登ったり、狩りをしたりするなど、屋外でなされる生来の本能があるとはいえ、屋外は利点よりもはるかに危険の方が大きい。外飼いの猫には自動車や毒など危険がいっぱいだ。思いもよらない場所でわなにかかったり、閉じ込められたりすることもある。他にもさまざまな不確定要素が待ち受けている。ここで強く言っておくが、猫は室内で飼っても何の問題もない（むしろ、そうすべきである）。猫の成長に必要なものを揃えるのも難しくない。キャットリフォームの目的は、結局のところ、猫本来の野外生活と同等の暮らしを安全な室内でも可能にすることに尽きる。

キャットリフォームの第一歩は、猫の世界観を理解することに始まる。あなたがインテリアデザイナーで、猫があなたの依頼人だと考えてみよう。依頼人のニーズや好みを理解することはデザイナーの責務だ。本書では「キャット・モジョ」(P24参照)という概念を提示しているが、猫の視点で考える(そしてより重要なことだが感じる)ために必要なものは、すべてこの概念に含まれている。

Part1では、まず全体としての猫が生来的に周囲の環境をどのように見ているかを示す。次に、あなたの猫に特有の好みを知るための手がかりを示す。愛猫についての新しい情報が得られれば、キャットリフォームの方向性も定まる。猫の好き嫌いに合わせて、よい行動を促し、悪い行動をやめてもらえる方向に猫の環境を改善すればいい。

Part2では、巧みに設計されたキャットリフォームの実例を幅広く紹介する。そこには、猫に必要な刺激を与えると同時に人間も楽しくなれるような、猫に優しい家を作るのに役立つアイデアの数々が含まれている。キャットリフォームといっても、家中にベージュ色のカーペットを敷き詰めたりするような大げさなことだとは考えないでほしい。キャットリフォームに決まった形式はない。猫を飼っていても、他人に自慢したくなるような家にすることはできる。

キャットリフォームは大掛かりな取り組みでなくてもいい。部屋を少し模様替えする程度の簡単なことでもいい。本書ではさまざまな実例を紹介するが、手間や費用が大してかからないものも数多く収録してある。著者としては、読者自身の技術や予算に応じて満足できるようなものが本書の中に見つかればうれしい。

キャットリフォームをすべき理由

キャットリフォームを施すと、飼い主と猫のどちらにも有益な効果が目に見える形ですぐに現れる。環境の一部を改善するだけで猫の問題行動の多くは軽減するし、場合によっては完全に解消してしまうこともある。キャットリフォームは、猫を1匹しか飼っていない場合でも重要だが、特に多頭飼いの場合には必要不可欠なものだ。同じ屋根の下で複数の猫が仲よく暮らすには、これしか方法がない。家がどんなに狭くても、環境を改善することで、猫たちが平和に共存するために必要な空間を捻出できる。キャットリフォームを施すと、家の居住者全員（人、猫、犬など）のストレスを軽減できる。人であっても猫であっても、ストレスが軽減すれば健康上の問題も減るし、長生きにもつながる。

一番大切なのは、愛猫が幸せになれば、飼い主も幸せになり、互いの絆がいっそう深まるということだ。

著者としては、本書に載せた情報やアイデアがひとりでも多くの読者の心に届き、猫を人生の伴侶として飼うきっかけになってくればと思う。アメリカでは現在、ペットの大幅な頭数過剰が問題になっているが、その影響を特に被るのが猫なのだ。この流れを変える鍵となるのがキャットリフォームだと思う。飼い主が猫の世界観を理解し、猫の好みに合わせて家に必要な改造を施すようになれば、家の中で一生を過ごす幸せな猫の数は増えるだろうし、運悪く保護施設に送られる猫や、いっそう運悪く捨てられて野良になる猫の数は減るはずだ。

猫を家に（そして心に）招き入れることは、私たち人間にできる最もやりがいのあることのひとつだ。

さあ、キャットリフォームを始めよう！

Jackson & Kate

室内飼いでも、
多頭飼いでも、
キャットリフォーム次第で
猫を幸せにできる

Part 1
猫のことを理解する

キャットリフォームは、
猫が幸せに暮らせることを目的にしている。
これを達成するには、
猫が何を幸せと感じるか、知る必要がある。
そのためにまずは、猫が生来、周囲の環境を
どのように見ているか知ってもらいたい。
猫の世界観を理解すれば、
キャットリフォームもずっと楽になる。
次に、あなたの猫特有の好みを知るための
手がかりを示す。
愛猫について正しく知ることで、
キャットリフォームの方向性も定まるだろう。

ワイルド・キャット

野性的本能をもつ猫の世界観を知ろう

ワイルド・キャットとは何か？

近頃のイエネコのうわべを飾っているもの――おしゃれなベッド、ぜいたくなライフスタイル、特別注文の食事――をすべて取り去ると、そこには「ワイルド・キャット」がいる。ひたむきな肉食のハンター。猫は本質的に野生動物なのだ。また猫は、食物連鎖の中間にしっかりと位置付けられている。つまり、猫は捕食者であると同時に被食者でもあって、猫の五感が研ぎ澄まされているのもそのためだ。ワイルド・キャットが両目を閉じることはない。狩りをするときも、資源を確保するときも、縄張りを守っているときも、あるいは睡眠時や排泄時でさえ、常に片方の目は開けている。これはみな、殺すか殺されるかの状況で研ぎ澄まされた感覚のなせる技だ。天井に蛾が止まっているのを見つけたとき、あるいは窓の外に小鳥がいるのを目にしたときの猫の真剣さといったらない。獲物をおびき寄せているのだ。あるいは、別の猫が部屋に入ってきたのを見た猫の目や耳、筋肉をじっくり見てみるといい。縄張りを侵そうとしている敵かどうかを見極めているのだ。こうした行動が、何万年にもわたって猫という種を存続させてきたのである。飼い猫にも根強く残る野生的な一面についての知識を深めると同時に、あなたの猫の観察も始め、以下の問いについて考えてみよう

● うちの猫は、自身の内部に潜む野生的な一面とどのように付き合っているのだろう？

●野生味あふれる行動といえば、うちの猫の場合はいったいどんな行動だろう?
●うちの猫が野生的な行動を示す場所はどこだろう

人間と猫の関係

人類の文明において、猫は常にその一部であり、主に戸外でのネズミ駆除に役立ってきた。猫が人間とかかわりを持つようになったのは、今からおよそ10万年前、中東の肥沃な三日月地帯(ティグリス・ユーフラテス川流域)で農耕が盛んになり始めた頃のことだ。猫と人間の関係は、どちらにとっても好都合なものだった。猫は人間の育てた穀物を食べるネズミが好物だったし、人間はネズミの数を抑制してくれる猫を好ましく思った。

人間にとっては、猫は品種改良が不要で、その本性をそのまま使えることがありがたかった。人間が飼いならした他の動物、例えば犬は、牧羊犬、番犬、狩猟犬といった特別な用途に適う種を人工的に作り上げる必要があった。しかし猫は、「完全には」飼いならされなかった。猫は人間社会の周辺に住んでいた。人間と共存してはいたが、自立性を手放したわけではなかった。人間と交流するのは自ら選択した場合だけだったので、猫には野生的性格が残された。

猫がネズミ駆除動物としての役割を越え、ペットだと考えられるようになったのは、19世紀、ビクトリア朝時代のことだ。ビクトリア女王は動物を好み、動物の権利を訴えた。女王自らも動物を飼っていて、なかでもブルーのペルシャ猫2匹を可愛がっていた。女王の猫好きが国民に影響を与え、庶民も家で猫を飼うようになった。

室内で飼われるようになってからも、猫自身の栄養的、身体的、感情的ニーズは以前と変わらなかった。長年にわたって人間とひとつ屋根の下で暮らしてきたにもかかわらず、猫はあまり変わらなかった。こうした状況を人間は身をもって知っている。つまり、ワイルド・キャットは、人間を喜ばせようなどとは少しも考えていないのだ。

室内飼いへの移行

ビクトリア女王の時代に猫はペットとして一般的なものになったが、イエネコの生活圏が室外と室内の両方から室内のみに限定されるようになったのは、比較的最近のことだ。だからワイルド・キャットは、室内のみの環境にまだ適応し切っていない。統計的事実として、現在、アメリカの家庭における最も一般的なペットは猫だ。米国動物愛護協会によると、全米の家庭で飼われている猫は9560万を数え、8330万の犬を凌ぐ。都市人口の増大が、猫の人気上昇の理由のひとつと考えられている。狭い場所でも問題なく、飼い主にあまり面倒をかけずに勝手に生きていける猫は、慌ただしい社会で人間と共存するには都合がいい存在なのだ。

室内に住む猫は世話をする人間の保護を受ける。つまり、飼い主である人間が、食事の場所と時間や

完全に飼い慣らされないワイルド・キャットたち

トイレの場所を決める。猫ならではの活動をする機会を与えるのも人間だ。飼いならされていく過程で、このことがワイルド・キャットにとっては、どんなに受け入れ難く辛い経験だったかは容易に想像が付くだろう。

猫は、人間が完全室内飼いを試みた唯一の肉食動物である。自由気ままに歩き回れる能動的な生活を離れ、屋内という閉ざされた空間に定住することを強制した。食事といえば、これまで自分で捕まえて殺した生き物を少しずつこまめに食べていたのが、飼い主が選んだ調理済みの食べ物を食べることになった。多くの場合、出される食事は量が多過ぎ、タンパク質が少ない。また、野鳥や虫、ネズミに含まれるよりも多様なタンパク質、脂肪、炭水化物を含んでいる。しかも、ほとんどの場合は「終日食べ放題」、つまり、その都度出されるのではなく、置いてあるものを勝手に食べる状態だ。しかし、猫の体はそのようには作られていない。

飼い主は往々にして、猫の本性やニーズを考慮することなく、人間の生活習慣や好みを猫に押し付けようとする。野生的な行動は望ましくない行動であり、そのような問題を起こす猫は扱いにくい猫だと見なしているのだ。このような飼い主は、飼いならされるということが猫の行動や健康にどれほど深い影響を及ぼすかを理解する必要がある。

ある調査研究によれば、飼い猫が直面している慢性的な健康問題の多くは、食べ物だけでなく、飼い主によって強いられた生活習慣の変化に直接あるいは間接的に関連しているということだ。

しかし、猫にとって悪い知らせばかりではない。平均寿命は、野外で暮らす猫が4・5歳であるのに対し、室内に住み、予防医療を受けている猫の場合、ほぼ15歳にまで伸びている。とは言うものの、妥協の必要はまったくない。飼い主が望む飼い猫でありつつ、ワイルド・キャットが心身ともにくつろげる状況を思い描くことも可能だ。

キャットリフォームは、ワイルド・キャットが生活できる場、人間と猫が共生できる場を実現するものだ。飼い主が屋内で暮らす野生の肉食動物のために手間ひまをかけ、健康的で刺激のある環境を作り上げるとき、猫と飼い主がともに幸せに暮らせるだろう。

猫の感覚

猫は捕食者であると同時に被食者としてもこの世界を生きているので、食料や縄張りをめぐる争いをはじめ、あらゆるトラブルを避けようとする。猫も五感に基づいて世界を認識しているが、重要なのは、そのほとんどが人間よりも優れているということだ。

猫の各感覚は、ともすれば許容範囲をオーバーし、感覚過負荷に陥りやすい。複数の感覚（聴覚、視覚、嗅覚、触覚）にまたがってストレス因子が存在している場合、感じるストレスは、各感覚が単独で被るストレスの合計よりも大きくなることがある。

キャットリフォームをすれば、
ワイルドキャットが
健康かつ幸せに
室内で人間と共生できる

視覚

人間の視野は１８０度だが、猫の視野は約２００度ある。捕食動物である猫は目が前についているので、距離感をつかみやすい。形や色を認識する中心視においては人間の方が優れているが、猫の目はどんなに暗い場所でも即座に動きを検知できる。猫が優れたハンターであるのは、この能力のおかげでもある。すばやい動き、とりわけ不意に現れるすばやい動きは、猫の反応を高める。ちなみに、シティ大学ロンドンの生物学者たちによる最近の研究によれば、猫と犬は紫外線が見えるという。

嗅覚

猫は嗅覚が鋭く、嗅覚器官の嗅上皮の面積は人間の5〜10倍。口蓋内の上の門歯の裏には、もうひとつの嗅覚器官であるヤコブソン器官もある。フレーメン反応（上唇を引き上げ、ぽかんと口を開く仕草）は、攻撃のサインと誤解されることも多いが、猫にふつうに見られる行動である。フレーメン反応によって、猫は空気中のフェロモンを口の中に送り込む。口中のフェロモンはヤコブソン器官に集められ、その情報が脳の視床下部に送られる。その結果、近くにいる他の猫や生き物を察知できる。

聴覚

猫には超音波を含む広い範囲の周波数の音が聞こえる。人間には聞こえない音の周波数、特に高音域を聞くことができる。猫の耳は、音を耳の穴（外耳道）に集めるように作られており、自由に動かせる耳介が音源を特定するのに一役買っている。猫は耳（耳介）をなんと３００度も回転させることができる。被食動物として生死にかかわる事態になれば、この耳が「後ろの目」として機能する。そのユニークな耳の構造のために、猫の聴覚は高音域の方が敏感である。

触覚

猫の毛には、極めて敏感な触覚器官（毛包受容器と呼ばれ、伝達速度が速いものと遅いものの2種類に分かれる）がある。そのため、猫によっては、そっと撫でただけでも攻撃的な反応（愛撫誘発性攻撃行動）を示すことがある。左右の上唇（鼻の両側の部分）に、約24本の自由に動かせるひげが4組にまとまって生えているほか、左右の頬や目の上、あごや前足首の内側、後足の裏側にも生えている。ひげから脳に送られた情報によって、視覚に頼ることなく周囲の３Ｄマップを作ることができる。

ボディーランゲージを理解しよう

猫は気持ちをボディーランゲージで伝えることが多い。耳やしっぽやひげの位置、それから体の姿勢は、機嫌がいいのか悪いのか、自信があるのかないのかなどの手がかりになる。適切なキャットリフォームを行なうには、猫が「いつどこで」自信を持ち、「いつどこで」自信をなくすのかをはっきりさせておく必要がある。もちろん、すべての猫に共通するボディーランゲージがあるわけではない。猫にはそれぞれの個性がある。以下に、一般的な例をいくつか挙げる。

1 しっぽの向き

上向きのしっぽ
ぴんと立ったしっぽ、あるいは「?」の形になっているしっぽは、喜びや友好的な感情を表す。

下向きのしっぽ
しっぽを下げた猫は、恐怖や脅威を感じている。獲物を狙うときも、しっぽは下がっている。

揺れ動くしっぽ
しっぽを前後に揺すっているのは、状況を見極めようとしている場合か、動揺している場合。

ふくらんだしっぽ
毛を逆立ててふくらませたしっぽは、何かに怒っていることを示す重要な警告サイン。察知した敵を撃退しようと、体を実際よりも大きくて恐ろしいものに見せようとしている。

2 耳の向き

前向きの耳
前向きの耳は、自信があり、友好的で陽気な気分を示す。

上向きの耳
ぴんと立った耳は、警戒していることを示す。周囲の何かに注意を払っているところ。

後ろ向きの耳
後ろ向きの耳は、神経が高ぶり、不安やイライラを感じていることを示す。

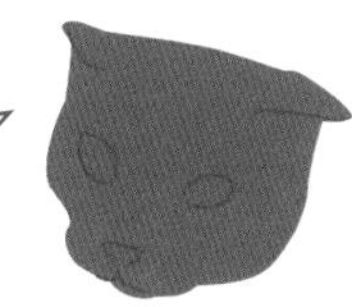

ぺたんとした耳
頭にぺたんと耳が張り付いている猫は、恐怖を感じて身構えている。

3 ひげの向き

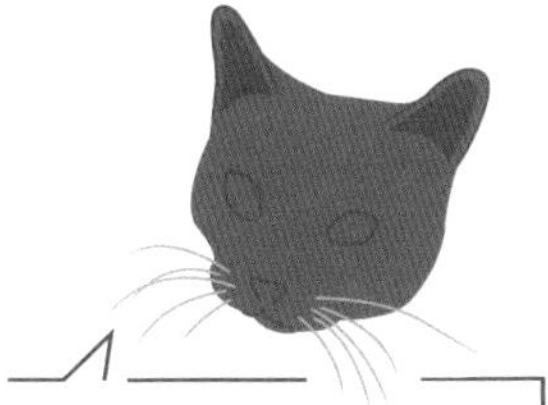

横向きのひげ
ひげがふつうに横を向いている猫は、満ち足りてリラックスしている。周囲に気を動転させるようなものは何もない。

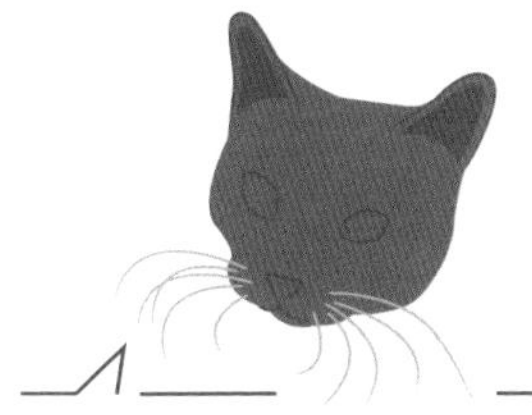

前向きのひげ
ひげが前を向いている猫は、何かを探っている。前向きのひげは、目の前にあるものに噛みつこうとしているときのサインでもある。

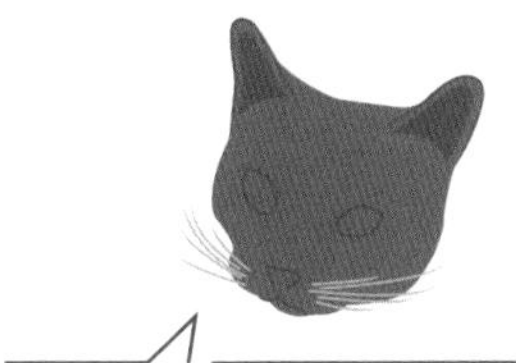

ぺたんとしたひげ
ひげが後ろ向きにぺたんと顔に張り付いている猫は、恐れを感じて身構えている。

4 体の姿勢

体全体の姿勢を見れば、今いる場所の居心地がいいかどうかなど、猫の気分がよくわかる。リビングルームの床にだらしなく体を広げて寝そべり、毛づくろいやうたた寝をしている猫と、ベッドの下や本棚の裏で縮こまっている猫との間には大きな違いがある。自信に満ちて心安らかな猫と、自信をなくしておどおどしている猫の違いを以下の例で見比べてみよう。

友好・好奇心

高く上げたしっぽ、前を向いた耳。顔を下げずにこちらにやって来る猫。お迎えに来たよ!

Dorling Kindersley / Getty Images

リラックス

周囲に危険がないことを確認してリラックスした猫。自信のある猫はこんな感じ。

Grigory Bibikov/E+ / Getty Images

Jane Burton / Dorling Kindersley / Getty Images

警戒

しっぽが下がり、耳が横か後ろを向いていたら、周囲に何か気になることがあって警戒している状態。

動揺

警戒を越えて動揺の域に達すると、猫は耳を後ろに向ける。体全体で「もう泣きたい気分だ!」と叫んでいる。

Dave King/Dorling Kindersley / Getty Images

Jane Burton/Dorling Kindersley / Getty Images

防御

戦うか逃げるかの瀬戸際。脅威を感じると、体をふくらませて実際よりも大きく見せようとする。同時に、すばやく行動に移れるように体を丸める。

キャット・モジョ

猫を突き動かす原動力を知ろう

キャット・モジョとは何か？

猫の原動力は何か？　何が猫を突き動かしているのか？　縄張りをしっかり所有しているという自信、その縄張りにおいてなすべき仕事があるという本能的な感覚。これが答えだ。そして、これがキャット・モジョに他ならない。モジョがしっかり身についている猫なら、自信を持って日常活動――狩りをする、捕まえる、殺す、食べる、毛づくろいをする、眠る――をこなすはずだ。

ペットの猫はみな、先祖のヤマネコからキャット・モジョを受け継いでいる。人間は家族の一員と呼ぶけれども、どんな飼い猫にもワイルド・キャットが潜んでいる。キャット・モジョは猫の本質の一部であり、猫がどのように世界を経験しているかということに大きな影響を与えている。ワイルド・キャットの世界では、モジョが活性化しているか否かが生存競争で勝ち残る鍵になる。自信のある猫は積極的に行動するが、自信のない猫は消極的にしか行動しない。自信のない猫は周囲の出来事に受動的に反応しているにすぎないのに対し、自信のある猫は果たすべき目標や任務を持っている。要するに、自信が毛皮を着て歩いているような猫は、最高のモジョの持ち主なのだ。猫はそれぞれ独自な物語と一連の経験を持ちあわせており、それがその猫ならではの世界観に影響を及ぼしているわけだが、まずは猫という種を理解することから始めよう。そのことが個別の猫の理解にも役に立つ。

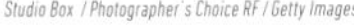
Studio Box / Photographer's Choice RF / Getty Images

Allison Achaver / Flickr / Getty Images

©Susan Weingartner Photography

Michael J. Hiwple / age Footstock/Getty Images

Lisa Stirling / Digital Vision / Getty Images

Dornveek Markkstym / Flickr / Getty Images

狩りをする、捕まえる、殺す、食べる、毛づくろいをする、眠る

この6つが、猫本来の日課を構成する基本的活動だ。自分の置かれた環境に満足している猫は、日課として6つの活動のすべてを行なう。室内飼いの猫であっても、この6つの活動が可能な環境が不可欠なのだ。したがって飼い主が、狩りをし獲物を捕まえることに似た体験ができるおもちゃや遊びをたくさん与え、獲物を殺して食べる猫の本能にふさわしい肉を主体にしたエサを食べさせ、心置きなく毛づくろいや睡眠ができるような快適な環境を提供しなければならない。

捕食者にして被食者の猫 戦うか逃げるか

自然界で、猫は食物連鎖の頂点に位置しているわけではない。その結果、常に狩る立場と狩られる立場を同時に保たざるをえない。そのことが猫の歩き方、環境への対処の仕方に大きな影響を与えている。

捕食者として獲物を探しつつ、被食者として周囲の危険に目を配り、逃げ道を頭に入れておく。猫は襲撃を避けると同時に、獲物を捕まえるのに最適な場所を探してもいるのだ。

現在、猫は社会的動物だと思われているが、本質的には今でも孤独なハンターなのだ。孤独なハンターにとっての最優先事項は健康の維持だ。だから猫は、習性として、無駄な対決を避ける。猫のトウソウ本能は、闘争本能というよりも逃走本能であり、戦うのは最後の手段なのだ。捕食者として生き延び、被食者になることを避けるには、傷を負わないのが最良の策だと知っているのである。

猫はパニック状態に陥ると、捕食者がやって来そうにない安全な場所に行くことが多い。自信のある猫は、パニック状態では賢明な判断を下すことができないとわかっているので、周囲の状況を分析し、辺りに潜む敵の動きや逃げ道になりうるルートを頭に叩き込んで、その状況から逃れる。一方、自信のない猫は、逃げ道や隠れ家しか目に入らない。

Brand New Images / Digital Vision / Getty Images

Blue Balentines / Imagebroker / Getty Images

猫チェス、戦略的世界観

猫が周囲の環境を見る視線には、環境に見合った軍事戦略的アプローチが必要である。猫が周囲を見渡せる場所を探したり、部屋の隅や行き止まりに特別な関心を払ったりするのもそのためだ。

軍事的な戦略を必要とするゲームでは、常に3手先を考えておかねばならない。常に敵の次の手を予想して、その手に対してどのような手で応戦するのかを考える。つまり、あらかじめ立てておいた作戦に従い、チェックメイト（被食）を回避しながら、チェックメイト（捕食）を追い求めているわけだ。

ここでは、「ゲーム」という観点から、生きるか死ぬかの生存競争を検討する。猫になったつもりで考えてみよう。

縄張りの所有権、資源をめぐる争い

所有権を主張するのも、猫の戦略的動作のひとつだ。この主張は、縄張りの重要地点にマーキングすることで行なわれる。資源に乏しい環境では、以前から所有権を主張していたことを他の猫に知らせ

©2014 Discovery Communications, LLC

Westland 61 / Getty Images

る必要がある。風雨がしのげ、水と食料にありつける場所は、安全な住まいとして猫たちがこぞってマーキングする場所だ。マーキングには、ニオイを付ける嗅覚マーキングと、爪とぎのような視覚マーキングとがある。

モジョの有無で猫のタイプが分かる

先に述べたように、キャット・モジョとは、所有権を主張することだ。縄張りの所有に関して猫が示す態度は、自信を持って所有権を誇示する猫から、自信のない姿勢や身振りを示す猫まで、実にさまざま。キャットリフォームで、少しでも多くの猫が縄張りの所有に自信を持ち、快適に過ごせるようになればと思う。話をわかりやすくするため、以下の3種類の猫を考察してみよう。

1 モヒート猫

まずは、縄張りの所有に自信のある「モヒート猫」。このタイプの猫は、胸を張り、しっぽを上げ、リラックスした姿勢で部屋を歩く。間近に寄ってきて、軽く頭突きを食らわし、足にまとわりつき、愛らしい視線を送る――縄張りに自信のある猫はこんな感じだ。この手の猫は、人間に例えれば、カクテルパーティーの主催者といった感じで、ドリンクを載せたトレイを手に玄関で招待客を出迎え、こう言う。「ようこそ、我が家へ！　モヒート（カクテルの一種）はいかが？　ライムを絞りましょうか？　どうぞお入り下さい。ご案内いたします」。モヒート猫は、自信を持ち、気構えることなく率先して縄張りを仕切っている。これこそ、キャット・モジョの本質だ。所有するすべてのものが間違いなく自分のものだという自覚があり、それがモヒート猫の自信を生み出しているのだ。

2 ナポレオン猫

次は、ナポレオン猫。このタイプの猫は、誰かに出くわすと、耳を前に向け、ちらっと睨む。それから、しゃがんで臨戦態勢に入る。あからさまな攻撃姿勢を取ることもある。こいつがまず考えるのは、相手が何者で、何を盗みに来たのかということだ。家の出入り口に寝そべっているのも、このタイプの猫だ。またいで家に入るほかない。ナポレオン猫は、家具におしっこをすることもある。自分の作った縄張りに自信が持てず、マーキングをせずにはいられないのだ。

自分の縄張りであると確信を持てない者は、その分、過度に縄張りを主張する。それは人間でも同じだ。例えば、ストリートギャングが壁に自分のサインを落書きするのは、対抗勢力（および世間一般）に対して、この近辺は、俺たちのものだと主張しておく必要があるからだ。ナポレオン猫の度を越した所有権の主張は明らかに、外発的動機による行為であり、この猫には、モジョも自信もないのだ。

3 内弁慶猫

ナポレオン猫は戸口に寝そべり、モヒート猫は「あら、ご機嫌いかが？」と声を張り上げながら、歩き回っている。それに対し、部屋の真ん中はけっして通らず、壁に張り付いたままの猫が「内弁慶猫」だ。このタイプの猫はこう言う。「ここは私の縄張りじゃありません。あなたのものです。わかっています。あなたと張り合うつもりはありません、あっちのトイレに行こうとしていただけなんです。すぐに出ていきますから。私のことはお気になさらず。ではごきげんよう」。そして、あっという間に内弁慶猫は消え去ってしまう。ナポレオン猫と同様、内弁慶猫も、モジョとは縁遠い存在だ。隠れるというのは受動的な行為であって、能動的ではないからだ。内弁慶猫は、現実のものであろうと架空のものであろうと、何かにおびえており、細心の注意を払い、迅速に行動することを余儀なくされている。

すべての猫を各自の個性を生かしたモヒート猫に変身させたいと思う。つまり、誰の目から見ても自信満々に見える理想的なモヒート猫ではなくても、猫それぞれの性格を認め、不安を消してやることで、その猫らしいモヒート猫に変身させたいと思う。愛猫が内弁慶猫なら、閉じこもっている殻から少しだけ引っ張り出してほしい。ナポレオン猫なら、少しだけ押し留めてほしい。そうして、どんな猫にも自分の縄張りに自信を持ってほしい。この目標はけっして手の届かないものではないはずだ。

自信を持てる場所を見つけてもらう

キャットリフォームとは、猫にとって快適で自信を持てる環境を作り出してあげることだ。猫は縄張りについて、水平方向だけでなく垂直方向の広がりも所有に値すると見なしている。愛猫がナポレオン猫や内弁慶猫だとしても、

猫が遊んだり、くつろいだりしている場所が、自信を持てる場所だ。

部屋を歩き回る様子、他の猫や人間との接し方を観察して、愛猫のタイプを確認しよう。

必ずどこかに自信を持てる場所が見つかるはずだ。

愛猫が部屋に入ってきたとき、最も自信を持てる場所はどこだろう？　自信を持てる場所を見つけたら、部屋のどこかにあるその定位置を積極的に陣取り、そこでおもちゃで遊んだり、毛づくろいをしたり、休憩するようになる。先にも述べたように、隠れたり小さくなったりするのは自信がない証拠だ。いやいやではなく、自発的にその場所を偵察しているのであれば、それは自信の現れだ。

安心できる場所を分類すると、3つに大別できる。猫はこれら3つの場所のいずれかでモジョを発揮する。その場所がその猫の「住まい」だ。どんな猫にも住まいを持ってもらいたい。住まいとは信頼を置ける場所に他ならないのだから。では、安心できる場所の違いによる猫の3つのタイプを見てみよう。

1 ブッシュ猫

自信を持てる場所が、テーブルの下や植木鉢の後ろなど、身を隠せる低所である猫は、低木の茂み（ブッシュ）に住まう「ブッシュ猫」だ。茂みから縄張りを監視したり、獲物に忍び寄ったり、あるいは単にそこでのんびり休んでいた

Nazra Zahri / Flickr/Getty Images

©2014 Discovery Communications, LLC

りする。茂みをうろつく野生の猫のことを考えてみよう。じっと待っている猫。狩りをする瞬間、一撃を食らわし、飛びかかる瞬間が訪れるのを待ち構えている。低い場所にいることが、ブッシュ猫のモジョなのだ。けっして隠れているわけではない。身動きひとつせずに身を潜めているときでさえ、その奥底にはモジョが息づいているのだ。

2 ツリー猫

木に住まう「ツリー猫」は地面を歩かない。床を離れたどこかにいる。

しとめた獲物を木に運び上げるヒョウのことを考えてみよう。そんなことをするのは、みんなから隠れるためではなく、自信を誇示するためだ。「ここまで登れば安心だ。しとめた獲物を地上のやつらに取られる心配もないし、あいつらには私の仕事ぶりを見せつけてやろう」と、ヒョウは言っているのだ。

ツリー猫にとって重要なのは、地上から離れていることだ。高さは二の次で、何も天井の垂木にまで上らなくていい。もちろん天井も含まれるが、椅子やテーブルやソファーの上であっても構わない。ポイントは、床から離れた場所であれば、自信を誇示できるということだ。

Westland 61 / Getty Images

Westland 61 / Getty Images

3 ビーチ猫

浜辺に住まう「ビーチ猫」は、ブッシュ猫と同じく、4本の足をしっかりと地に付けて床を歩く。しかし、ビーチ猫は身を隠さない。リビングルームに入るとその中央を陣取り、通る人をつまずかせてしまうのが、このタイプの猫だ。木に登って獲物を食べるヒョウのように、自分の縄張りを誇示しているのだ。ビーチ猫は、家にいる人間や動物に対して、部屋の真ん中は私の縄張りだという明確なメッセージを発している。つまり、「この部屋を通り抜けたいなら、私を迂回して行け」と主張しているのだ。

© 2014 Discovery Communications, LLC

© Peter Wolf

ビーチ猫は床で縄張りを主張したがる

ツリー猫は床を離れた高所にいたがる

ブッシュ猫は低所で身を隠したがる

自信のない猫は身を隠せる場所にいる

自信のない猫は、ベッドの下で小さくなって隠れていたり、冷蔵庫の上で縮こまっていたりする。そこは住まいではないし、その行動は恐怖の表れであって、住まうこととは正反対だ。自信のない猫は、他に行き場がないので、身を隠せる場所にいる。なんとかして消え去りたい、逃げ出したいと思っているのだ。住まいのない猫の行動で注目すべきは次の2つのタイプだ。

1 冷蔵庫猫

このタイプの猫は、自分をいじめる他の猫あるいは人間から逃れるために(実際にいじめが行なわれているかどうかはさておき)、冷蔵庫の上などの高い場所に隠れる。「冷蔵庫猫」は、高所こそが姿を隠せる唯一安全な場所だと思っているので、下に降りようとしない。この場合、安全と安心は同じではないことを理解させるのが飼い主の重要な仕事になる。

もちろん飼い主は、愛猫が冷蔵庫猫からツリー猫やブッシュ猫へ移行する手助けができればと思っているわけだが、それには真っ先に家にキャットリフォームを施し、縄張りが愛

猫の味方になるようにすることだ。具体的には、どうすればよいのだろうか。まずは、安全な場所を安心してうろつけるような工夫しよう。そうすれば、やがて冷蔵庫を離れ、その他の空間も歩けるようになる。愛猫がおびえていたり、すぐに小さくなって姿を隠そうとしたりしているのなら、おびえているだけの場所からほんの一歩踏み出すだけで安心できる世界へ行けるということを教えてあげるのが、飼い主であるあなたの仕事だ。挑戦ライン（限界線）を徐々に押し広げていけば、いつしか自信を持てる場所を手に入れ、精神的にも飛躍できる。

2 洞穴猫

恐怖に駆られると暗がりに隠れるタイプの猫が「洞穴猫」だ。洞穴猫は、姿を消すことしか考えていない。洞穴という、誰にも見つからない暗く閉ざされた空間に身を隠そうとしているのだ。人目に付かない場所に隠れること自体は構わないが、隠れる場所は飼い主がしっかり管理すべき

Nazra Zahri/Flickr Open/Getty Images

Nazra Zahri / Flickr / Getty Images

©Susan Weingartner Photography

である。

ベッドや椅子の下やクローゼットの奥などは、猫がよく隠れる場所だ。洞穴猫が見つかるのも、ここ。飼い主としては、愛猫がおびえて家具の下やクローゼットの奥に潜んでいる姿を見るのは忍びない。できることならそこから出て、同じ低所でも、自信の持てる場所を見つけて住まいにしてほしいものだ。

Column

コクーン（繭）に隠れる

洞穴であるが洞穴でないもの、それがコクーンだ。洞穴と同じく閉ざされた空間だが、コクーンはベッドの下のような目が届かない場所ではなく、飼い主が管理できる場所に置かれる。移動式の洞穴であるコクーンなら、社会性を育むのに適した場所に置くことも可能だ。コクーンの持つ変身の魔法が、洞穴猫に「羽根を生やし」、住まいを持つ猫へと成長させる。

© Peter Wolf

© Susan Weingartner Photography

Marser / Flickr / Getty Images

愛猫を知る

好みと個性を知って、求めているものを把握しよう

さて、すべての猫に共通する基本的性格はひと通り説明したので、次は個別の猫に話を移し、あなたの猫を詳しく見てみることにしよう。適切なキャットリフォームの鍵となる情報を得るには、愛猫の好みと個性を詳しく知る必要がある。

依頼人を知る

あなたがインテリアデザイナーで、愛猫がその依頼人だと考えてみよう。デザイナーが最初にすべき仕事は、依頼人がどのような人物であり、依頼人の好みや心が落ちつく環境がどのようなものかをきちんと把握することだ。これは探偵の仕事に似ている。愛猫の好き嫌いをよく理解するには、さまざまな状況における行動パターンを注意深く観察し、その結果判明した情報をひとつにつなぎ合わせることだ。

どんな猫もそれぞれの物語を持っている。だから、あなたの猫ならではの物語を知ることが不可欠だ。どこで生まれたのか？　どんな経験をしてきたのか？　日々刻々と変化する現在の暮らし――どこを自分の縄張りとしているか、必ず自信を持てる場所はどこか、とりあえず身を隠すための場所はどこか――を決定づけるのは、こうした過去の経験だ。現実の猫は時間の経過とともに刻一刻と変化していくが、そのすべての源が、猫それぞれの物語、来歴にあることを忘れてはならない。物語こそ、キャットリフォーム計画の基礎なのだ。

どうか弱気にならないでほしい。実際には、買ったり貰ったりしたために愛猫の具体的な来歴など知りようがない人が大半なのだから、愛猫に名前を付けたときと同じように、自信を持って物語を書けばいい。必要なのは、今ある絆と想像力だけだ。楽しんでいこう！　これは、飼い主であることの楽しみでもある。猫というこの途方もない生き物に関心を持てば、その動きのひとつひとつが魅力的なことに気づくだろう。注意深い観察こそが、本当に愛猫のためになる環境を作り上げる鍵なのだ。

＼ 次ページ以降の
ワークシートを使って、
愛猫の物語を整理しよう。／

「愛猫を知る」ワークシート

あなたの家の猫について以下の質問に答えてみましょう。時間をかけて観察し、
好みと行動をメモすること。いろんな場面を写真やビデオに撮っておくと、
分析に役立つ。探偵のように、また猫の身になって考えること！

Name ……………………………… **Age** ……………………

Q1 家の中で愛猫が自信を持てる場所は？

低所にいるとき、あなたの猫はくつろげていますか、それともおびえて隠れていますか？
どんなボディーランゲージを見て、そう思いましたか？

床に足が着いた状態のとき、愛猫がうろつく場所はどこですか？
そのとき、隠れていますか、それとも姿を見せていますか？

高所にいるとき、くつろげていますか、それとも隠れていますか？

時間帯によってお気に入りの場所は変わりますか？
変わる場合、それぞれの場所を書きましょう。

部屋に入って、まず向かう場所はどこですか？
たどり着けないけれど、行きたがっている場所はありますか？
部屋に入ってきたとき、どのような行動を取りますか？
一目散にテーブルの下に隠れますか、それとも、すぐさま椅子に飛び乗って堂々としていますか？

Your Cat Worksheet

Q2 愛猫の住まいはどのタイプか?

あなたの猫を観察して、自信を示す場所はどこかを考えてみよう。

ひとつとは限らないので、3種類の住まいすべてについて考えること。

	まったくあてはまらない	少しはあてはまる	完全にあてはまる
ブッシュ猫			
ツリー猫			
ビーチ猫			

Q3 住まいのない猫の行動

以下の行動のいずれかを取ることがありますか?

	まったくない	時々ある	よくある
洞穴猫			
冷蔵庫猫			

Q4 愛猫はどのタイプ?

時間の経過または状況次第で変化する可能性があることを念頭に置いて、
あなたの猫のタイプについて考えてみよう。

例えば、朝はナポレオン猫、夜は内弁慶猫ということもありうる。

あるいは、あなたが帰宅したときはモヒート猫、来客があったときは内弁慶猫ということもある。

猫の3タイプのそれぞれについて、愛猫がそのような行動を取る頻度を書き込もう。

	まったくない	時々ある	よくある
モヒート猫			
ナポレオン猫			
内弁慶猫			

Q5 愛猫の物語を書く

あなたの猫の物語を、第一人称を使って書いてみよう。

どのように世界を見ているか？　どんなものが好きか？　どんなものを怖いと感じるか？

好きなことは？　その理由は？

猫を突き動かしているものを理解し、生き生きとした物語にしましょう。


子に夢を抱くのは親の常です。愛猫に期待していることはなんですか？

現在、自信の欠如や恐怖を示す行動にはどんなものがありますか？

あなたの猫がモヒート猫になったら、どのようなモヒート猫になると思いますか？

Your Cat Worksheet

部屋づくりの準備

キャットリフォームは都市計画に置き換えて考えよう

猫一般については解説し終えたので、今度は、これまでに得た知識を元にあなたの猫のニーズに合った環境プランを検討してみよう。以下に、キャットリフォームの鍵となる重要な概念をいくつか挙げておく。詳しくは、第2部で実例とともに説明する。

家を都市に置き換えて計画する

キャットリフォームを一種の都市計画だと考えてみよう。つまり、今は、都市環境（あなたの家）を、住民（あなた自身、家族、猫その他のペット）のニーズに合うようにデザインし、全員が秩序を保って共存できる環境を作り上げる過程だと考えてみるのだ。実際の都市計画で最も考慮すべき点は交通の流れだが、これはキャットリフォームの場合でも変わらない。重要なのは、誰もが滞りなく自由に空間を移動できるということだ。そのために、動線（人・動物が移動するときに通ると思われる経路）を整理する必要がある。

あなたの家のトラフィックフロー、すなわち住民の動線の状況を調査し、以下の危険信号がないか、またそれに対する解決策を考えてみよう。

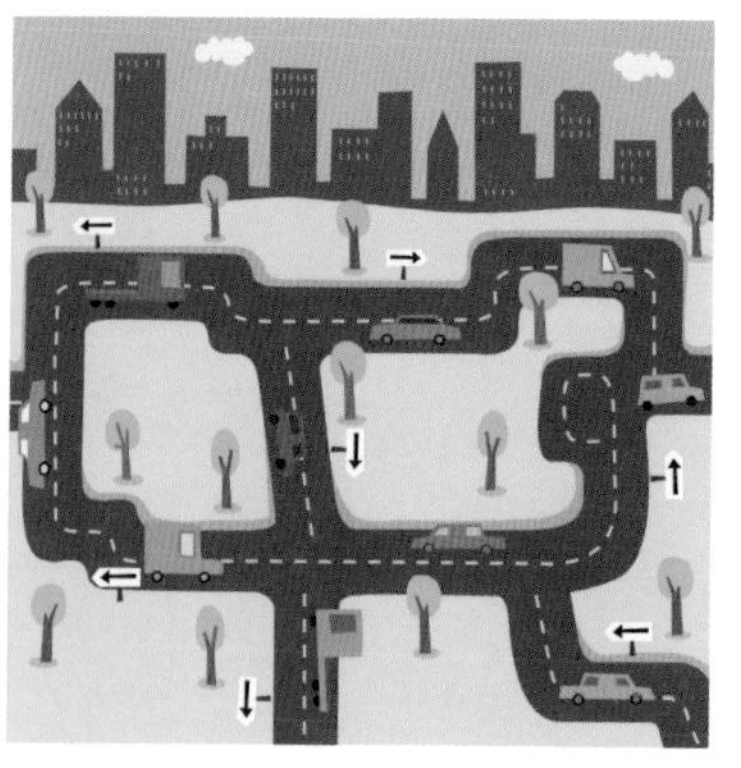

1 ホットスポット

争いなどの問題が頻繁に起こる場所のこと。問題となる行動としては、猫同士あるいは他のペットとのケンカが一般的だが、飼い主や訪問客に対する攻撃といったケースもある。ホットスポットは、多くの生き物が行き交う地点に発生しやすい。この場所は、縄張り争いが激しくなる場所でもある。ホットスポットを特定するには、問題行動を目撃するたびにその地点にテープでバツ印を付けておくのがいい。時間とともにバツ印が増えてくると、問題のパターンが見えてくるので、そのパターンを元に問題発生箇所を検討し、必要な変更を加えることになる。

2 行き止まり

待ち伏せ地帯と行き止まりはホットスポットの一種で、空間の全体的な位置関係から争いがほぼ避けられない場所だ。こうした場所ができてしまうのは、家具の配置や間取りなどの要因によることが多い。例えば、猫のトイレのある場所に出入り口がひとつしかなく、それが廊下の突き当たりや洗濯機の後ろに位置している場合には、待ち伏せされる可能性がある。入り口の外で見張っていれば、他の猫が出入りするのを邪魔することができるからだ。ただし、待ち伏せされるのは、部屋の隅や行き止まりだけではない。部屋の真ん中であっても、縄張りの拡大を目指すナポレオン猫がトラフィックフローを支配しようと待ち伏せしている可能性がある。キャットリフォームを施すときは、待ち伏せ地帯と行き止まりと待ち伏せの行われる場所をすべて特定し、なくすことが重要だ。

問題箇所を特定し終えたら、トラフィックフローを改善するための解決策を考えてみよう。以下に検討すべき道具をいくつか挙げる。

1 ロータリー

実際の道路にはロータリー式（円形式）の交差点があるが、これを猫動線（猫が移動するときに通ると思われる経路）に応用することで、猫を迂回させ、争いが起こりそうな場所を分散できる。つまり、キャットタワーなどのアイテムの周囲にロータリーを作るのだ。これは、ホットスポットを特定した後に試してみるべき有効なテクニックだ。（ロータリーの実例は、「縄張り争いがなくなる部屋」（P237）を参照。）

2 回転ドア

回転ドアは、行き止まりで移動の流れが滞らないようにする仕組みだ。キャットステップやキャットタワーなど、猫が登ってよいものを用意して、猫が危険な場所に閉じ込められることなく、安全な場所に出られる仕組みを作る。（回転ドアの実例については、「回転ドアで逃げ道をつくる」（P96）を参照。）

Martin Barraud / OJO Images / Getty Images

3 逃げ道

追い詰められた猫は、決まって逃げ道を探そうとする。だから、すべての必要箇所に逃げ道を用意しておくことが不可欠だ。逃げ道の設置は、行き止まりの解消にもなる。（逃げ道の実例については、『「洗濯機島」からの脱出』（P138）を参照。）

4 猫の幾何学

猫は部屋に入ると、行き止まりや待ち伏せされそうな、部屋の隅、トラフィックフローを瞬時に見定める（P97の「猫チェス」に関する記述を参照）。猫の行動パターンはたいてい部屋ごとに決まっている。これが「猫の幾何学」だ。猫の経路を分析し、パターンを図にしてみることで、問題行動を環境の上で解決する方法が見つかるだろう。

垂直の世界

猫は留まることが可能なスペースさえあれば、床から天井まで、どこにでも居着く。猫は天性のクライマーなので、当然のことながら、**キャットリフォームを施す際は、空間の垂直方向の広がりを考慮する必要がある。**「ツリー猫」（P34）で述べたが、垂直の世界は最上部だけではないことに注意しておこう。床から少し離れた地点から、椅子やテーブル、本棚などを経て、部屋で最も高い地点までのすべての空間が含まれる。

キャットウォーク

床に降りずに部屋を移動できる猫の通路のことで、キャットリフォームで最も重要な要素のひとつだ。トラフィックフローを改善し、垂直の世界にアクセスする方法を提供する重要な鍵となる。どんなキャットリフォームにおいても、キャットウォークを中心に計画すべきである。

よいキャットウォークには、人間の高速道路と同じ要素が含まれている。あらゆるものが最も効率よく、最も衝突が少なくなることを考えて設計されているのだ。以下に、ぜひとも導入すべき仕組みをいくつか挙げる。

1 複数車線

多頭飼いの場合は、必ず2車線以上のキャットウォークを設計すべきだ。人間の高速道路の車線は白線によって平面的に区切られているが、キャットウォークは平面的というよりも高さの異なる立体的な車線で構成される。車線を増やすとトラフィックフローがよくなり、猫はさまざまな階層の空間を探検できるようになる。（複数車線の実例については、「性格の違う4匹が喜ぶ部屋」（P78）を参照。）

2 目的地と休憩所

キャットウォークを計画するときは、実際の道路計画立案者にならって、「この道はどこに通じているのか」と考えてみること。目的地が増えると、キャットウォークを使ってもらえる頻度も増える。目的地と休憩所の違いは、主にその場所が部屋のどこにあるかによる。例えば、キャットウォークの一部として本棚の上に猫ベッドを設置すれば、それは紛れもなく目的地だ。道路脇に鳥にとっての止まり木のように、見晴らし台を置けば、一休みして眺望を楽しめる休憩所になる。

3 ランプウェイ

キャットウォークに接続する道がランプウェイだ。キャットウォークへの進入路（オンランプ）であると同時に、退出路（オフランプ）でもある。多頭飼いの場合は、必ず複数のランプウェイを備えること。棚板を壁に取り付けたキャットステップや、既存の家具の上面がランプウェイの役割を果たすことが多い。

キャットウォークを設計する際に注意すべき点を、以下にいくつか挙げる。

1 ホットスポットは点在している

都市計画に触れた箇所でも言ったが、垂直方向を考慮したところで、それだけでホットスポットがなくなるわけではない。キャットウォーク上で衝突事故が起こりそうな場所にたえず目を光らせておくこと。車線やランプウェイを増やして行き止まりをなくし、移動の流れが滞らないようにしよう。

2 人の手の届かない場所を作らない

キャットウォークを作る際に最も注意すべきなのは、緊急時にアクセスしづらい箇所を作らないことだ。いざ猫を退避させなければならなくなったときに（単に獣医に連れて行くときでもいいが）、捕まえようとはしごに登って猫を追い回す場面を想像してみよう。そうした面倒を避けるために、飼い主の手が届かない場所がないかどうか、前もって確認しておくこと。そうすれば、掃除もしやすい。

3 道幅を確保する

実際の道路と同様、道幅の狭くなる箇所があると、そこがボトルネックになって争いが起こりやすい。猫の場合、すれ違いができなければ、必ず争いが起こる。猫同士のいざこざは、どちらからともなく開始される。猫同士が動きを止めてにらみ合うと、よくないことが起きる。車線は、猫が快適に歩ける幅（少なくとも20cm以上）を確保すること。また、多頭飼いの場合はキャットウォークのどの地点においても、猫同士が無理なくすれ違えるようにするか、別のルートを選べるようにすべきだ。

縄張りマーカー

最後にもうひとつ、キャットリフォームに欠かせないものに「縄張りマーカー」がある。先に述べたように、キャットモジョは縄張りと大いに関係している。だから、猫は必ず自分の縄張りをマーキングして自信を保とうとする。他の猫に気づかせるために、自分のニオイや引っかき傷を付けて視覚的および嗅覚的にマーキングするわけだ。これらは問題のないマーキングだが、尿スプレーでマーキングすることもある。これは人間にとっては好ましくないので、キャットリフォームによってなんとか止めさせたいところだ。

キャットリフォームを計画する際は、縄張りマーカーとして利用できるものが不足していないか、また適切に配置されているかを忘れずに確認しておこう。そうしないと、猫が自分でマーキングする場所を決めてしまい、その選択が人間にとっては好ましくない場所であることも考えられる。つまり、人間用の家具に座ったり寝たりして、そこにニオイを残してしまう。あるいは、マーキング用に専用のツリーやベッド、爪とぎ器、毛布、おもちゃなどを別に与えてもいい。

ニオイを吸着する素材

猫のニオイを吸着する柔らかい素材が使われているものとして、猫ベッドや毛布、カーペット、ダンボール、麻でできた爪とぎ器などがある。猫はこすったりひっかいたりしてそこに自分のニオイを残す。

猫の日時計を活かす

猫がいて、窓があれば、日時計を使ったキャットリフォームを実践できる。著者の経験では、猫は太陽の位置に応じて居場所を変えることが多い。猫は日向ぼっこが大好きで、日当たりのいい窓辺では、毎日決まった時間に場所の取り合いを繰り広げる。そうした猫が好む場所にニオイを吸着してくれる素材のものを置くとよい。そうすれば、猫にはその場所は自分のものだという感覚が芽生える。日当たりのいい場所は、おそらくソファーやベッドに次いで重要な場所になるはずだ。さらに、多頭飼いの家では日時計が奇妙な効果を発揮する。窓のそばなど、家の中で決まって日が射す場所のすべてに、キャットタワーやハウス、ベッドなどを置いてあげると、猫ごとに場所の使用時間帯が決まってくるのだ。ある猫が窓辺やソファーに座っている別の猫に歩み寄り、優しく（優しくない場合もあるが）言う。「ねえねえ！　ちょうど午前6時03分だ。移動の時間だよ！」。するとたいてい、実際に移動が始まる。多頭飼いの猫の緊張を和らげる最善策は、猫にケンカをする必要がないように、縄張りを確保してあげることだ。日時計を使ったキャットリフォームは、完全ではないがかなりの効果がある。

キャットリフォームは室内だけでは完了しない

猫縄張りに関する問題を解決しようとして計画を立てている場合には、室外にも目を向ける必要がある。家の外での出来事を忘れてはならない。裏庭があり、その庭に別の動物がいるのであれば、目隠しなどの対策を施し、外の刺激に対する緊張を和らげなければならない。

部屋に足を踏み入れたら、すぐチェックを始めよう。まずは猫の数の確認。1匹だけ？　多頭飼いなら、何匹？　そして、犬の痕跡はある？　子供はいる？　次に重要なのは、トラフィックフローの現状だ。目的地や行き止まりをはじめとするホットスポット、休憩所、などの位置関係を確かめる。例えば、手前のテーブルを見ると、猫が1匹じっと座っている。何を待っているのだろう？　別の猫が近づいてきたら、飛びかかるつもりなのかもしれない。猫はけっして無駄な動きをしない。筋肉1本でさえ意味なく収縮させることはないのだ。

次にすべきことは、特定の猫に占領された地帯を整備することだ。待ち伏せポイントや行き止まりをすべて確認する。そうした場所は、経験豊富な猫チェスチャンピオンにとって格好の競技場になる。私の武器であるひと巻きのテープでそれらの場所に印を付けながら、チェックリストを仕上げていく。そうだな、ここは開放しないと。こっちは遮断しなければ。この下の部分はなくした方がいい。各所に逃げ道が用意されているか、確かめておこう。

猫の世界には無意味な動作がひとつもないが、人間の世界には必ず無駄な動きがある。猫用のベッドやトイレ、爪とぎ器、毛布、皿――これらはみな縄張りマーカーになる可能性があるものだが、所構わず置かれていることが多い。雑然とした縄張りに秩序をもたらすには、どんなものも、縄張りマーカーやロータリー、回転ドアなどの役割を担いうるということを念頭に、部屋をチェックしていく必要がある。確かにこの部屋に爪とぎ器はあるが、単にあるだけで機能を果たしていないのではないですか？　なぜその場所に置いたのですか？　こんなふうに私は飼い主に質問していく。猫用ハウスや爪とぎ器を備えてあるのは結構なことだが、薄暗い部屋の隅に設置するのはよくない。ましてやトイレをそんなところに置いてはいけない。例えば、爪とぎ器は部屋の入り口にあるべきだし、キャットツリー（キャットタワー）は何かと便利な窓のそばに置くべきだ。キャットツリーがあればそこが目的地になると同時に、新たな通り道にもなるので、縄張りの衝突を避けることができる。キャットツリーはキャットリフォームの鍵になりうるアイテムだが、適切な場所に設置しなければ、意味がないのだ。

次は、テーブルや椅子など、床から1メートル前後の高さに視線を合わせ、猫がどのように歩き回れるかを確認してみよう。猫が床に降りることなく部屋を歩き回れるようになっているだろうか。なるほど、このサイドテーブルから、こっちの椅子に移って、次はこのダイニングテーブル、それから本棚に移動して床に降りるわけか。そうだな、ここまでは配慮がなされている。この高さより上はどうだろう？　猫が移動に使えそうなものがあまりないな。ここには少し何かを足した方がいい。ランプウェイや目的地を追加すれば、行き止まりを解消できるぞ、などと考えていく。

最初に床から天井までひと通りチェックしておけば、環境を診断し、キャットリフォーム計画をまとめるための必須情報――流れのよい箇所と悪い箇所、交流し合う場所といざこざの起こりそうな場所、そしてもちろん人間専用として残すべき空間など――がすべて手に入る。

猫の世界観を理解したら、
早速キャットリフォームに
とりかかろう

Part 2 キャットリフォーム実例

ここからは、多種多様な
キャットリフォームの実例を紹介していく。
各事例にはジャクソンとケイトによる
コメントを添えてあるので、
それぞれの問題を
どのようにして解決するのかを
深く理解できる。
さらに、どのキャットフォームも
好みや予算に応じて
簡単に調整できるようになっている。
だから、あなたの家にも合うはずだ。
キャットリフォームの目的は、
誰もが幸せになることにあるのだから。

ダーウィン・モレロ

やんちゃな2匹のためのおしゃれな仕組み

ダーウィンとモレロはどちらもサバンナキャット（野生のサーバルキャットとイエネコを交配して作られた猫種）で、飼い主のジャックとともに、テキサス州オースティンの中心部を見下ろす高層マンションに住んでいる。2匹の猫は生来の本能に忠実で、壁をよじ登っては大騒ぎを繰り広げていた。ダーウィンは好奇心旺盛でしばしば問題を引き起こしたし、対するモレロは根っからのおてんば娘で人間を信じておらず、疑念が湧くとしばしば凶暴になった。訪問者があると、室内は野生の王国と化した。2匹の猫による度を越した攻撃を止めるには、縄張りを広げ、探検できる空間を増やしてやるべきなのは明らかだった。

ダーウィンとモレロのように、エネルギーがありあまった猫が家に2匹もいたのでは、部屋の状況は散々だ。だから、キャットリフォームも徹底的にやらねばならな

レンジフードに跳び乗った
やんちゃなダーウィン

い。猫たちには走ったり跳ねたりすることが必要だったし、実際そうしていた。何をしていたのかというと、台所の吊り下げ式レンジフードに跳び乗っていたのだ。それも、レンジフードが天井から外れそうなくらいの勢いで!

そういうわけで、課題は次の3つ。まず、レンジフードにジャンプさせないようにすること。次に、飛んだり跳ねたりできる場所を別に用意すること。最後に、飼い主ジャックのモダンな美的センスに適ったものにすることだ。

Column

サバンナキャットの世代番号

サバンナキャットは、イエネコとサーバル（中型のアフリカ産ヤマネコ）の雑種。純血のサバンナは、原種であるアフリカのサーバルから何世代後の子孫かを示す世代番号（Fで始まる番号）をそれぞれ持っている。F1のサバンナは雑種第1代で両親のどちらかがサバンナ、F2のサバンナは雑種第2代で祖父母の1匹がサバンナ、といった具合。ダーウィンはF5で、モレロはF2なので、モレロの方がかなり原種に近いということになる。

モレロ

ダーウィン

Jackson

今回のお相手は2匹のサバンナ。猫にしてはやんちゃなダーウィン（F5）と、やんちゃが度を越してもはや猫とも呼べないほどのモレロ（F2）。このキャットリフォームでは、2匹の猫それぞれのニーズが平均的に満たされる環境を作り出すことを目標にした。ダーウィンは、おっちょこちょいで、エネルギーがありあまり、レンジフードに飛び乗ったりすることが好き。まずはそんなサバンナを手懐けることが課題だった。丸々と太った9kgの体で、いつも探検しては面倒を引き起こし、エネルギーのはけ口を求めていた。

それから、モレロ。たいていの猫には動じない私だが、この猫に初めて会った日は死ぬほど怖い思いをした。モレロは知らない人に会うと、疑念と恐怖を抱き、すぐに攻撃に移れるように体を丸めて身構える癖がある。この状態になると、モレロは恐ろしく獰猛になり、全員を縮み上がらせる。そんな最強のワイルド・キャットを満足させることも課題となった。

かなり特殊なニーズを持つサバンナ2匹が相手とあって、ケイトに手伝ってもらうしかなかった。飼い主が、室内を少し改造するだけでもひどく神経を尖らせるような、デザインに関してかなり独特な美学の持ち主とあってはなおさらである。そんなわけで、共同作業をすることにした。マンションに足を踏み入れるとすぐに、飼い主のジャックが私たちのなすことすべてに反対するのではないかという不安に襲われた。ケイトがジャックの同意を得ることができなければ、この家唯一の希望がついえてしまうところだった。

飼い主のジャックに初めて会ったとき、まずは彼を幸せにしなければと思ったわ。このプロジェクト最大の問題は彼だったの。ジャックは、猫の環境のことを何も考えていなかった。だから、猫たちは勝手に自分の都合のいいルールを作っていたわけ。猫との接し方を見ていると、ジャックが猫たちを大好きで仲もいいけれど、部屋のデザインについては、猫のニーズを少しも考慮しなかった。それで、猫たちは退屈してフラストレーションが溜まって、部屋をズタズタにしていたの。

猫のニーズに応えることで猫との仲も深まる

［ダーウィン・モレロのための動線計画］

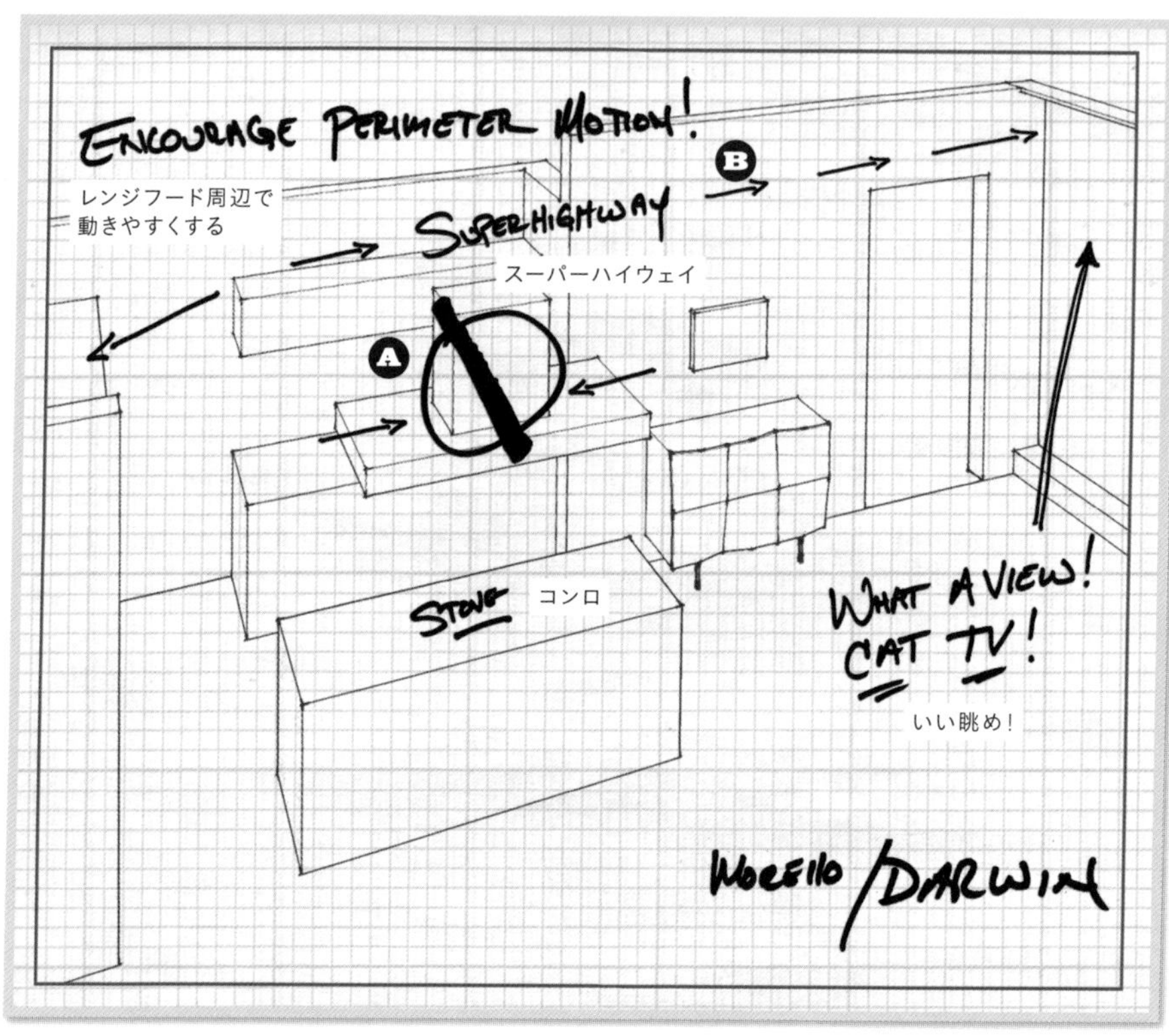

ヤマネコとイエネコの妥協点

ダーウィンとモレロという、ニーズがまったく異なる2匹の猫の両方を満足させる必要があった。血統は同じでも、1匹（ダーウィン）は飼いならされたイエネコに近く、もう1匹（モレロ）は野生のヤマネコに近かった。ダーウィンは気楽に人間の世界に出入りしていたが、モレロはけっしてそんなことはしなかった。そこで、あらゆるものが2つの機能を担うように調整しなければならなかった。ダーウィンのために（レンジフード以外の）走ったり跳ねたりできる場所を作れば、高所の同じ場所が、モレロの休憩所兼監視所になった。

Ⓐ レンジフード

レンジフードが遊び場でも車線でも目的地でもない「立ち入り禁止」の場所で

あることを、猫たちにはっきりわからせねばならない。レンジフードを立ち入り禁止にするならば、その代わりに、レンジフードから離れた場所に魅力ある目的地と通り道を作って、ダーウィンとモレロが今後レンジフードに近寄る気にさえならないようにする必要がある。「ノー」と言って封鎖してしまうだけではダメで、キッチンが猫たちにとって重要な社会的エリアであることを「イエス」と認めるしかない。猫動線は今でもキッチンに通じているが、レンジフードには近づかないようにしてある。また家の他の場所へもつながっている。

B 重量注意

ダーウィンとモレロは体重がどちらも9kgほどもあるので、かなりの衝撃に耐えられるようにキャットウォークを設計しなければならなかった。具体的には、すべてのシェルフを頑丈な壁面取り付け用金具でしっかり固定し、スリップ防止になるものをすべての表面に敷いた。

美意識の高い飼い主

もちろん作業はすべて、飼い主のジャックのモダンな美的感覚に見合うように行なわなければならなかった。キャットリフォームが違和感なくインテリアデザインに調和するように、すべてのものを芸術作品並に扱う必要があった。そうしないと、私たちが引き上げると同時に、ジャックがすべてをズタズタにしかねなかった。

[キャットリフォームした箇所]

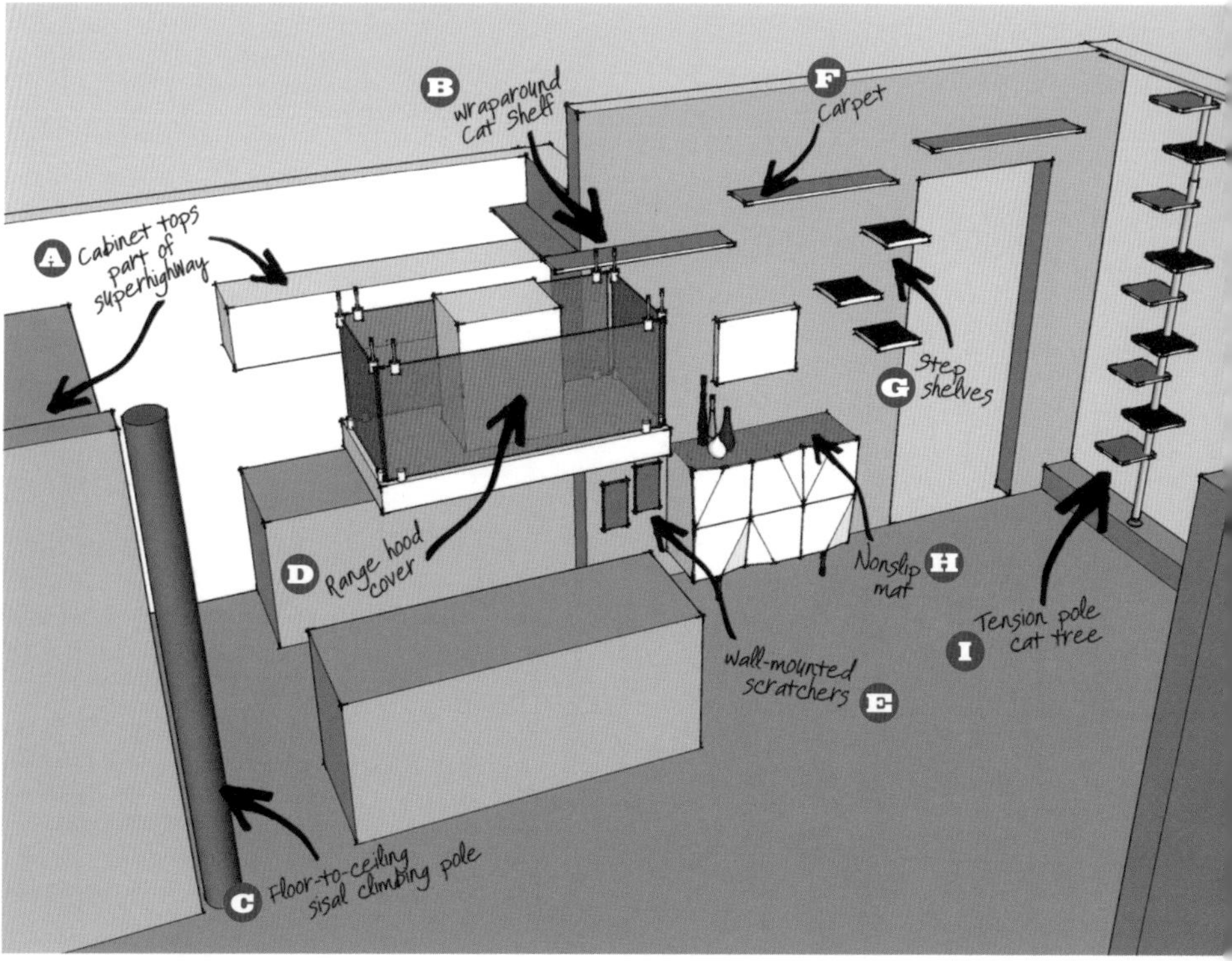

A Cabinet tops part of superhighway
B Wraparound Cat Shelf
C Floor-to-ceiling sisal climbing pole
D Range hood cover
E Wall-mounted scratchers
F Carpet
G Step shelves
H Nonslip mat
I Tension pole cat tree

C 床から天井までのクライミングポール

麻縄を巻いたポール。食器棚の上に登れる。

B コーナー型キャットウォーク

猫の動線を拡張。キッチンからキャットステップまで移動ができる。

A キャットウォークの食器棚上面

キャットウォークに組み込む。

F カーペット

すべての棚にカーペットを敷いて滑りを防止する。

E 壁付けスクラッチャー（爪とぎ）

縄張りマーカーにもなる。

D レンジフードカバー

レンジフードが立ち入り禁止であることを猫に伝える！

I 突っ張り棒式キャットツリー

窓際に設置。ランプウェイとして利用できるので、キャットウォークに出入りしやすくなる。

H ノンスリップマット

サイドボードの上に敷けば、滑り止めになり、表面に引っかき傷も付かない。

G キャットステップ

サイドボード上面からアクセスできるので、ランプウェイにもなる。猫動線に組み込まれているので、整理整頓しておこう！

Kate's Tips

How to 1

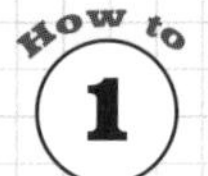

コーナー型キャットウォークの作り方

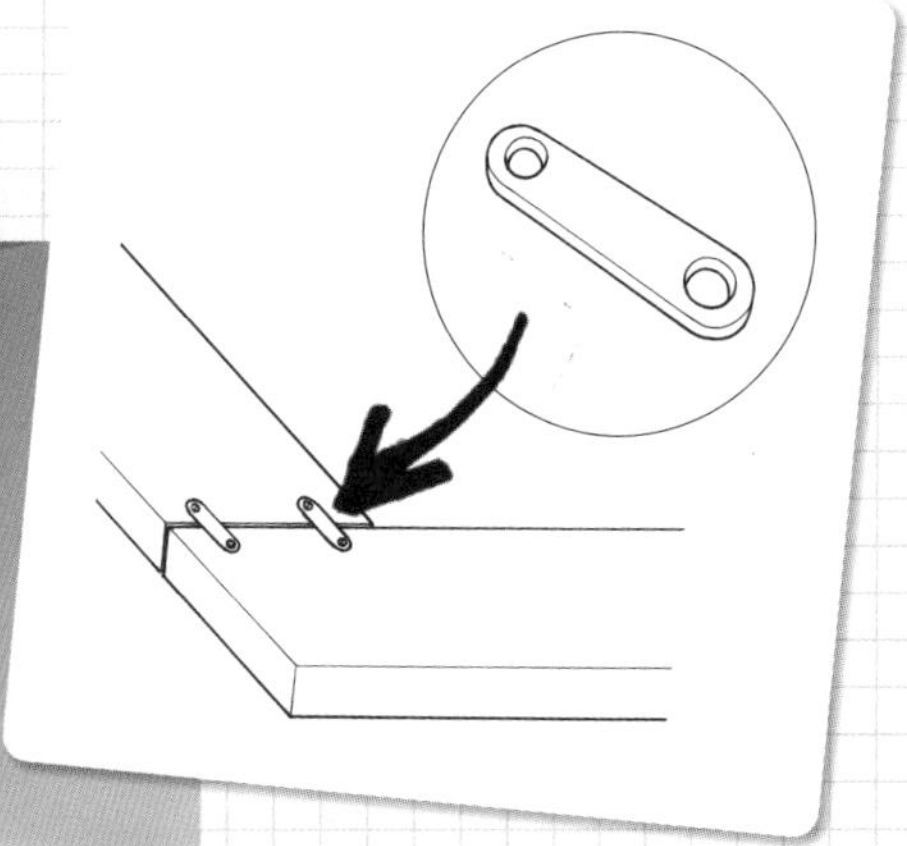

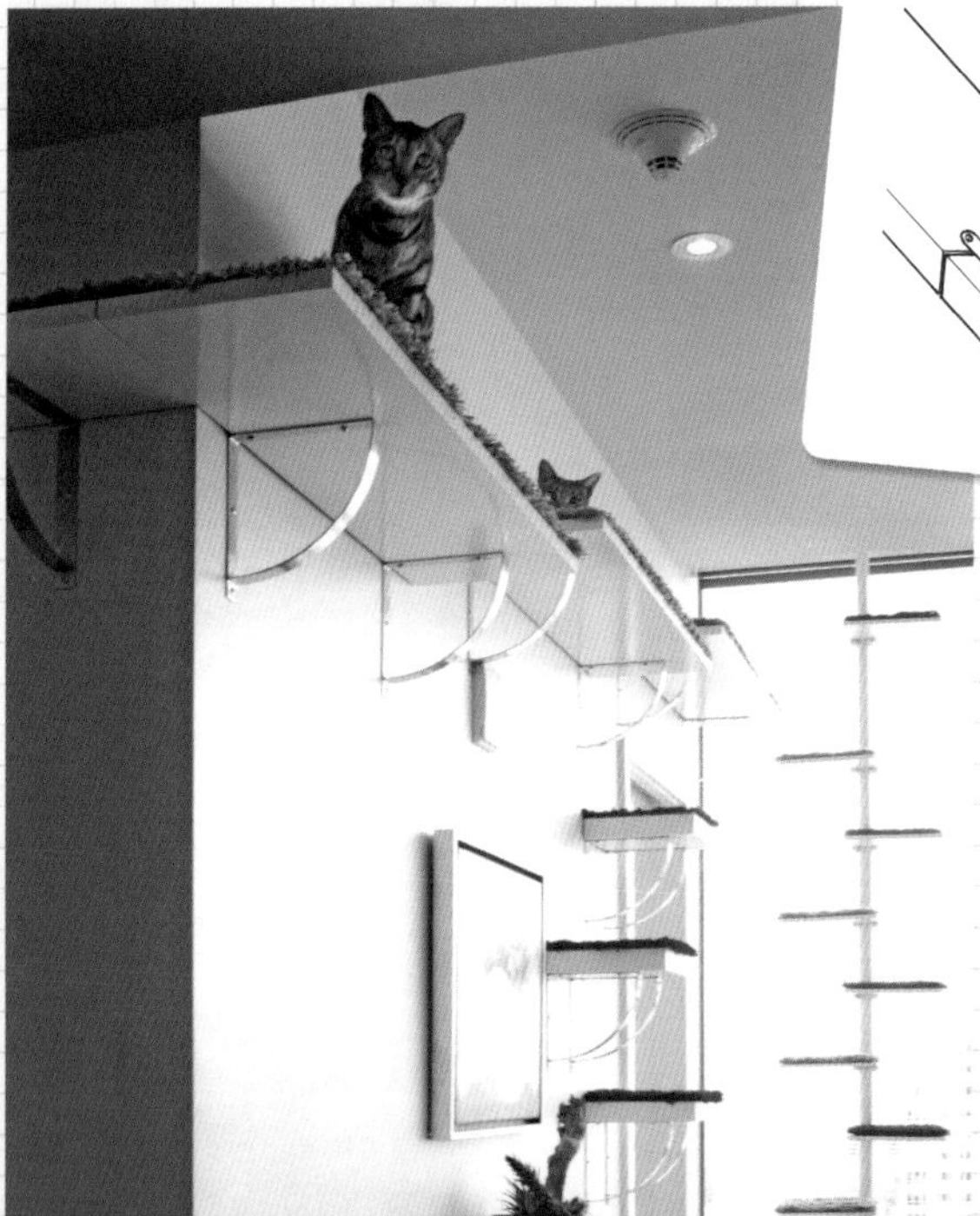

コーナー（壁の角）に沿ったキャットウォークを作るには、合板をL字にカットすればいいが、一番簡単なのは、真っ直ぐな棚板を2枚使って、L字になるように接合する方法だ。

補強のために、平型のジョイント金具を2個使って板をしっかり固定する。

Kate's Tips

レンジフードカバーの作り方

このキャットリフォームのレンジフード部分は、「イエスとノー（アメとムチ）」の典型例だ。つまり、好ましくないエリアへの進入を禁止する（ノー）と同時に、その代わりとなるようなものを与える（イエス）。レンジフードには絶対立ち入ってはいけないということを猫にわからせるのは急務だった。もし猫がレンジフードに跳び乗ることを止めなければ、そのうちレンジフード全体が天井から剥がれ、床に落下しないとも限らない。解決策としてレンジフードへの接近を阻止することにしたが、周囲のインテリアと調和させるのも重要だった。そこで、以下のような方法を取ることにした。

材料&道具

- 半透明のアクリルシート
- 天吊りパネル用のワイヤーと金具
- 両面テープ
- 電動ドリルドライバー

Kate's Tips

まず、レンジフードの長さと幅を測定し、必要なアクリルパネルのサイズを決定した。パネルの上部と天井の間に約15㎝の隙間を設けた。当初はパネルにアートを施そうかとも考えたが、ジャックの趣味に合わない可能性もあったし、不透明なパネルを用いると圧迫感が出てしまう。それで代わりに、半透明のアクリルパネルを使うことにした。これなら、部屋のアクセントにもなり、部屋の色調にも合う。

パネルは、ディスプレイ用ワイヤーを使って天井から吊り下げた。取り付けはとても簡単。吊り下げる位置を決め、天井側のワイヤー金具を取り付け、アクリルパネル側にもワイヤー金具を取り付けるだけだ。このケースでは、パネルの底部をレンジフードの上面に固定するために、別の金具を使って両面テープで貼り付けた。

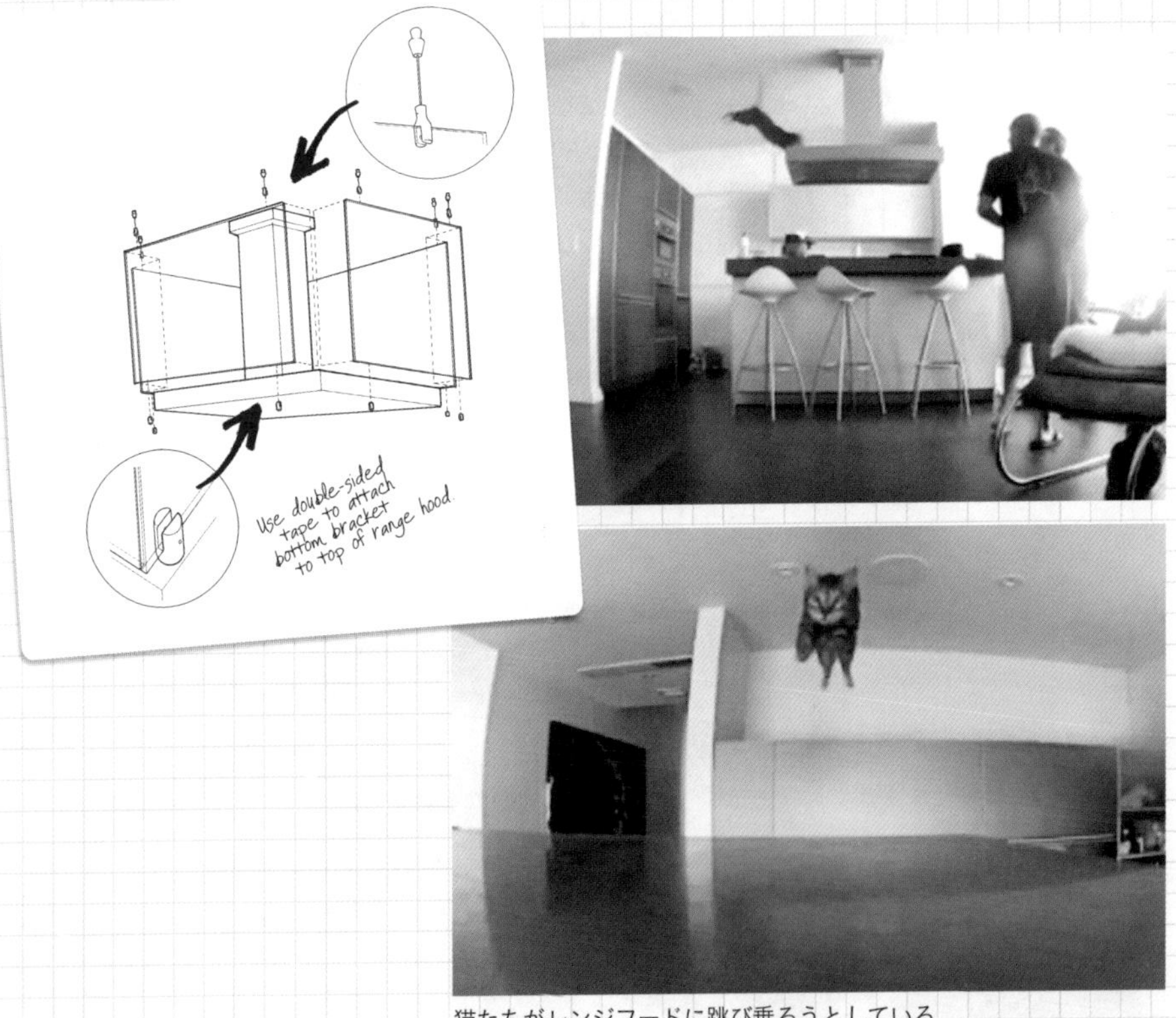

猫たちがレンジフードに跳び乗ろうとしている

レンジフードは封鎖されている。ダーウィンの跳び乗る準備はできていたが、レンジフードが立ち入り禁止だというメッセージを読み取った。

オレンジ色のアクリルパネルは、物理的にも視覚的にもバリアとして機能し、そのエリアが立ち入り禁止であることを猫に知らせる。半透明のパネルは光を通すので、開放感と軽やかさを損なわない。実際、完成したカバーはアートを吊り下げたようにも見える。

ケイト、このキャットリフォームで一番満足してるのはどの部分？

ほんとにうまくできたと思う。問題も解決したし――９kgの猫たちがドスンとレンジフードに跳び乗ることもなくなった――見栄えも悪くない。「ノー」の問題だったけど、同時に「イエス」を与えることでうまくいったわ。猫たちはご機嫌ね。シェルフの上段が好きみたい。それから、ツリーを降りたり、あちこちのランプウェイを利用したり。猫とジャックの両方に受け入れられたのだから、文句なしに大成功ね。

このケースでは、いろんな面でうまくいった。ジャックは喜んでくれたし、ダーウィンがレンジフードに激突することもなくなった。しかし、私にとって最も重要なのは、モレロが自分の世界を探検できるようになったことだ。

モレロがキャットステップの上にいるのを目にしたときは、びっくりした。なにしろ、この家一番の気難し屋だったから。歯をむき出しにしている猫は、最も扱いにくい。最終日、モレロの態度がこう語っていた。「ありがとう。これが必要だったの！」。快適さを求める以前に必要なものが完備されていなかったことが問題だったのだ。モレロのような猫にはキャットリフォームが欠かせない。キャットリフォームをしなければ、モレロが不幸であるばかりでなく、周りの人間も危険にさらされる。

最後の訪問で、食器棚の上にいたモレロにごちそうを差し出すと、モレロは私の手からごちそうを取って、歩き去った。信じようが信じまいが、それはとてつもない瞬間だった。ジャック以外の誰もこんなに親しくモレロと接したことはない。私はモレロに言った。「僕は君を本来の姿とは違ったものとして、つまりイエネコとして扱おうとしていた。このキャットウォークが開通

After

したことで、君は本来の自分でいることができる。君は、大部分の人からは離れた高い所にこそ安全と自信を見出す猫、つまりワイルド・ツリー・キャットだったんだね」。このキャットリフォームが大きな成果であるように感じるのは、それ以前の訪問では、床にいることが怖くて私の腕を振りほどこうとしていたモレロが、ようやく本来の自分でいられる環境を手に入れたからだ。

次ページからは、キャットリフォーム共和国のメンバーから送られてきた実例もいくつか紹介したい。「こんなこともできる」という例として役立つはずだ。臆することなく、独創的な飼い主たちの作品に刺激を受け、彼らの知恵を学んでほしい。このことを念頭に置いて、多くのキャットリフォームを見ていて気づいたポイントがある。参考にしてほしい。

1 基本を大切に！

まずは「些細なこと」にとらわれず、基本構造の製作に集中しよう。追加は後からいつでもできる。最初の段階が終わった後、まだまだ多くの可能性があることに気づき、愕然とするかもしれない。だがキャットリフォームの魅力のひとつは、永遠にキャンバスが仕上がらないということだ。いつまでも何かを追加していける。

2 拡張可能な設計を！

優れたキャットリフォームは、個々の猫が成長し成熟するにつれ、また猫の出入りに合わせて、自由に拡張し、改造することができる。拡張可能な設計にしておけば、こうした変化に対応できる。

3 取捨選択してオリジナルに！

著者は、本来は猫用に作られたわけではないものを再利用して、完全にオリジナルな、まさに猫が望むものを作り上げる、飼い主独自のリフォームが大好きだ。他の誰かとその愛猫にうまく機能したからと言って、必ずしもあなたの家でも機能するとは限らないが、他の人の事例に、あなたの想像力を刺激する要素がひとつはあるかもしれない。有用なものだけを拾い上げ、残りは捨ててしまえばいいのだ。

投稿事例 1

天然木のキャットツリー

エミリー

カービー

投稿者　レベッカ＆リチャード・ブリテン［フロリダ州クリアウォーター］

猫　エミリー＆カービー

天然木を利用したキャットツリー（タワー）を作ることになったのは、引っ越しがきっかけだった。「依頼主」は、私たちといっしょに引っ越したエミリーとカービー。「新居にはアレがにゃいわ。前の家にあった、ボクたちお気に入りの長くって、背が高くって、壁掛け棚みたいなアレがこの家にはにゃいぞ。いつもいつも、アレで遊んでたのに。登ったり、眠ったりしてたのににゃあ。」前の家を売りに出すと同時にその手のものはさっさと取り外してしまったので、猫たちは引っ越す前からイライラが募っていたというわけ。

新しい家では裏手の部屋が私たちの仕事場だったのだけど、猫たちは一日

天然木のキャットツリー

中そこにいた。運動や探検に出かけることもなく、その部屋で眠り、くつろぎ、食事をしていた。猫たちのインテリアデザイナーにして保護者でもある私たちは、その状況をなんとかしてやりたかった。ちょうどその頃、仕事場を、新居のもっと広くて日当たりのよい、真ん中の部屋に移そうと計画していたこともあって、せっかく部屋を新しくするのだったら、ぜひとも猫たちのニーズを組み入れた部屋にしたいと考えた。

エミリーの要望は、居心地がよくて、登りやすくて、日中は仕事をしている私たちのそばにいられて、たくさんすりすりできることだった。「それさえクリアできれば、見てくれはあんまり気にしにゃいわ」

それから、カービーは目をぱちくりさせてから、こう言った。「そうだにゃ、近頃ボクは運動不足でちょっとおデブになってきてるかもしんにゃいか

流木の天井に当たる部分は頑丈な金属板でくるんだ。金属板ごと流木に下穴を開け、ラグスクリューボルトで天井に固定した。金属板には目隠しにサイザル麻のロープを巻いた。

ら、とりあえずキャットツリーでも使ってみようかにゃ」

材料と費用

流木は、通販サイトにて100ドルで入手。サイザルロープ（麻縄）の一部と3つの猫ベッドは、お古のキャットタワーから流用した。猫ベッドに敷いてあるふかふかのラグは浴室用の足ふきマットで、計24ドル。取り外して、ほこりをはたける。

流木を天井や壁に取り付ける際は、ラグスクリューボルト（頭部が六角形の木ネジ）を使った。下穴を開けてから、ラグスクリューボルトで壁の間柱や天井の梁などの構造材に固定した（リチャード担当）。ボルトの頭を埋め込むための穴が掘ってあるので、まだやってみてはないのだが、木栓を詰めればボルトが隠れる。

天然木のキャットツリー

レベッカ&リチャードのひと言

作業はまず、天井部分の大きな流木から始めた。残りの部分は、壁や空間に合わせて随時流木を切りながら、数晩かけて少しずつ配置していった。リチャードは工具の扱いに慣れているので(それに根気強いので)、とても助かった。

結果

製作にかかった日数は、わずか1週間ほど。物おじしない性格のエミリーは、階段の仕組みをとっくに理解し、1番上の猫ベッドを昼寝に使っている。慎重派のカービーは、まだ自分では登らないけど、支柱の下部に巻いてあるサイザルの爪とぎが大好きだ。今では2匹ともキャットツリーで過ごす時間が増え、その辺で遊んだり、(日中はパソコンの前にいる)私とじゃれ合ったりしているから、上出来かなと思っている。

Jackson

これは大傑作。いろんな面で大いに参考になる。まず、空間を見事に猫とシェアしているし、さらに、キャットツリーと家具とがシームレスに美しく一体化している。「猫ホリックの猫屋敷」的にただ混じり合っているのではない。実際、猫がいなくても、人間用に作られたすばらしい作品に見えると思う。これこそが、キャットリフォームの本質だ。我が家にこんな壁があったら、さぞかし鼻が高いだろう。

私見だが、猫の世界から人の世界へ橋を架けてみてはどうだろう。具体的には、木のてっぺんから本棚の上部に道を通す。本棚の向かって左側にもオフランプを設ければ、さらにいい。そうすれば、行き止まりがなくなり、回避性の高い猫動線を高所に確保できる。

これって、一見手の込んだ設計っぽく見えるから、「私なんかには絶対無理」って考えてる人もいるかもしれないけど、ちょっと待って。実際には、そんなに複雑なものではないのよ。使ってる材料はふつうの天然木だし、作業に特別な技術も要らない。設計をちょっと念入りに行ない、取り付け金具に丈夫なものを使えば、別に大工仕事が得意じゃなくても、この手のキャットタワーは簡単に作れるわ。

性格の違う4匹が喜ぶ部屋

ジャクソンが自宅で施したキャットリフォームを紹介

ジャクソンが以前住んでいた部屋で行ったキャットリフォームを振り返ってみよう。当時はロサンゼルスに住んでいた。同居人は、3匹の猫と、それから子犬のルディー。この50平米足らずの小さなゲストハウス（離れ）に引っ越して来た瞬間に、ジャクソンはSOSを発した。すぐにもキャットリフォームが必要なことがわかったからだ。

うちの猫たちは、パーソナルスペースという名のバカでかいシャボン玉を自分の周りに張り巡らせているから、それが破裂しないように、互いに十分離れていられるだけのスペースが必要だった。ルディー（ジャックラッセルテリアとビーグルのミックス犬）は目が不自由だから、鼻と口を使って世界を探検していた。50平米足らずの部屋は、狭過ぎた。当初の目論見は、絶対に3匹の猫が互いの邪魔をしないようにさせることだった。それから、絶対にルディーの口には近づかないこと。もしもし、ケイト、手伝ってほしいんだけど……。

そう、スペースがとても狭かったので、犬猫全員のニーズに応えるのは、かなり大変だった。ジャクソンにも自分のことをするスペースが要るわけだから、

それも考えなきゃいけなかったしね。彼もそこで生活しなきゃいけないんだから。キャットリフォームに必要なものと人間に必要なものを同時に考えて創作する必要があったわね。

この空間を設計するにあたっては、それぞれの猫たちのニーズが大きく違うことにとても頭を悩ませた。当時、ベルーリアはおよそ20歳、チャッピーは19歳、キャロラインは3歳だった。キャロラインは元野良猫で、いつも上か下に姿を消そうとしていた。隙間が見つかろうものなら、野生本能でそこに潜り込んだ。床の上だろうが天井裏だろうが、高さには関係なく、いつも隠れようとしていた。ベルーリアは若い頃には、床からひと飛びでドアの上に跳び乗ったものだった。20歳になってからも、彼女はいつも上方を求め、垂直の世界を探検できることを望んでいた。隠れたいだけのキャロラインとは正反対だ。そして、年を取って関節炎を患っているチャッピーは、そもそも他の猫が目の前に来るのが好きではなかった。けれども、チャッピーは犬のルディーととても仲がよかった。

そんなわけで、個々の特徴を念頭に置きながら、それぞれに合った車線を建設する必要があった。キャロラインのために上下を封鎖し、チャッピーのためには関節炎を考慮したなだらかな傾斜のものを、加齢による身体の衰えに無自覚な20歳のベルーリアのためには安全に探索できるようなものを用意しなければならなかった。それから、もちろんルディーにも配慮が必要だ。

元野良猫で、警戒心の強いキャロライン3歳

ルディーと仲良しなチャッピー19歳

身体の衰えに無自覚なベルーリア20歳

目の不自由な犬ルディー

ジャクソンが作ったキャットウォーク

最優先事項は、家中にキャットウォークを張り巡らせることだった。前にも言ったが、どんなキャットウォークにも、交通の流れに見合った余裕のある車線とランプウェイが必須なのだ。多頭飼いの家では、車線の取り合いが争いの元になることがある。猫に1車線しかない道で空間の取り合いをさせるべきではない。1車線の道路で2匹の猫が互いに反対方向から走ってきたら、どちらかがブレーキをかけて相手を行かせるほかない。人間なら車を端に寄せるのが礼儀だが、猫はほぼそんなことはしない。2匹の猫が正面衝突すると、歯や爪で猛烈に「クラクション」を鳴らし合う。これを避けるために、キャットウォークには複数の車線が要るのだ。猫の数が増えたときは、発展途上の都市にいるつもりで、都市計画を練り始めねばならない。1匹から2匹に増えれば、拡張が必要だ。

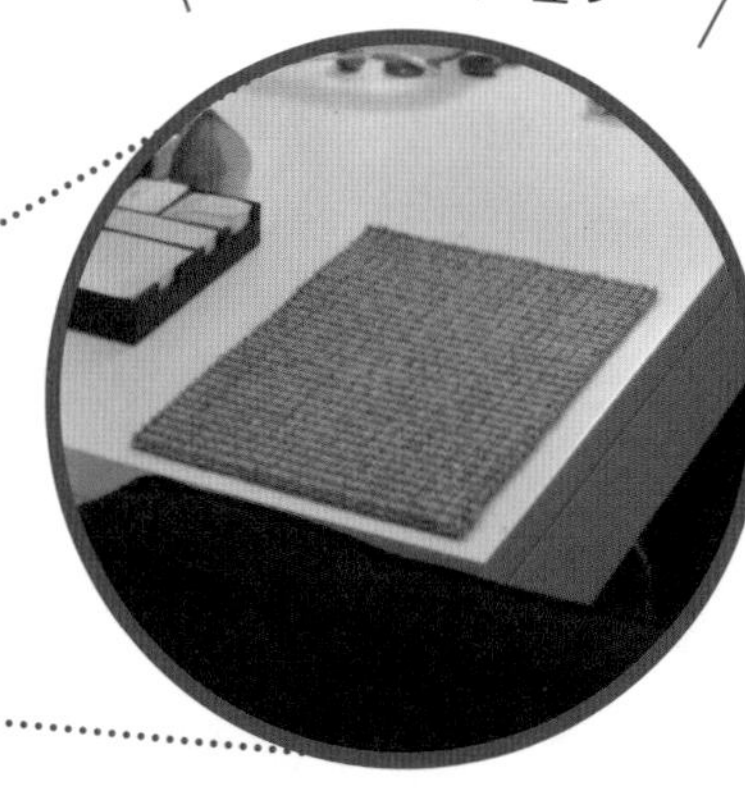

ノンスリップマットは、ジャクソンの机の上に限らず、どこでも役に立つ

猫のニーズと人間のニーズを統合する

ちょっと見ただけでは気づかないかもしれないが、このプロジェクトには実は、4本の車線――床、ソファーと足載せ台、2層に分かれた棚――がある。どの車線も人猫共用だ。例えば、机はジャクソンにとっては仕事をする場所だが、猫の動線の一部でもある。テレビ台は、猫のエサ置き場でもある。ソファーなどの家具も猫動線の一部だ。猫は人間用の家具を、本来の目的がどうであれ、車線として使ってしまう。ならば、最初からその点を考慮しておけばいい。暖炉に通じている窓台を猫の動線にするのは危険なので、暖炉は立ち入り禁止にすべきだ。

滑り止めで安全な着陸地点にする

部屋の片隅から猫たちの行動を観察した結果、彼らは机の上を動線の一部として使っていることがわかった。棚から机に跳び下り、さらに机からジャンプして上方の棚に移動していたのだ。これは私にとって不便なだけでなく、猫にとっても高所から滑りやすいラミ

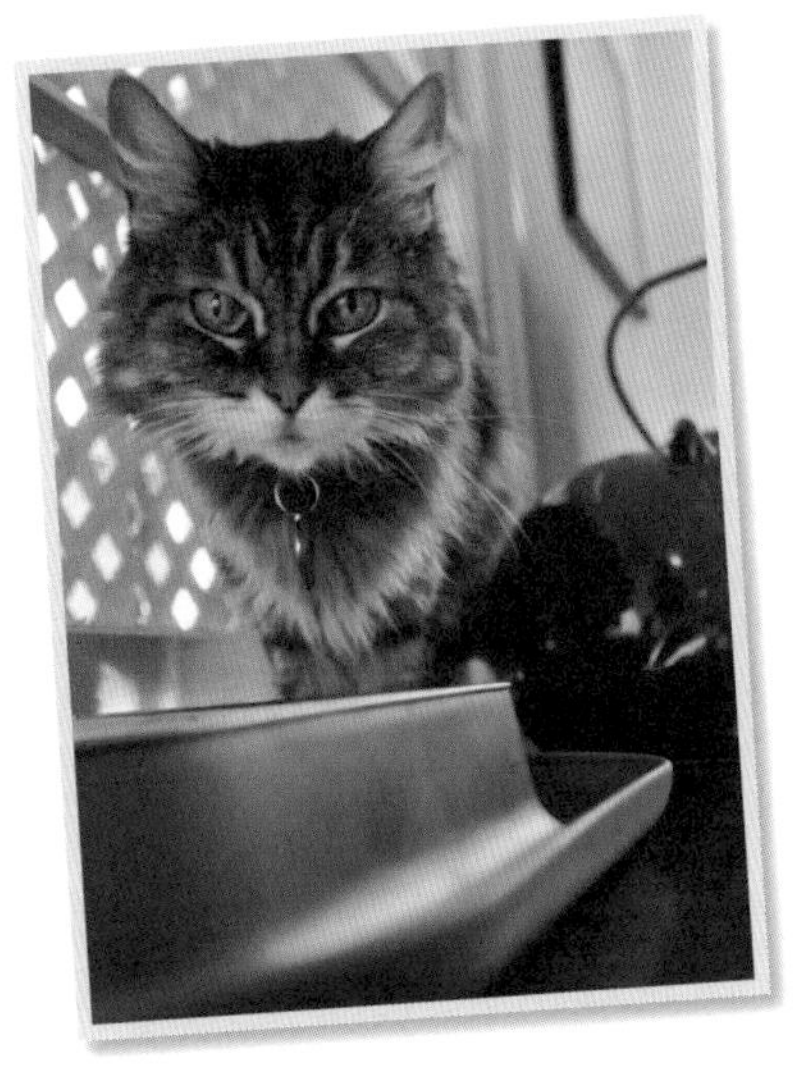

ペット用階段でのぼりやすくして書籍の上に設けた猫の食事スペース

ネート加工の机の表面に跳び降りることになるので、危険なことだった。そこで、このジャンプを止めさせるのではなく、隅に滑り止めとしてサイザル麻を置くことにした。

段差の異なる棚で複数のニーズに対応

犬と猫の両方を飼っている人はご存知のように、エサをやる時間には、両者を引き離しておかなければならないこともある（犬は食い意地を張っているから！）。この問題を処理するために、リビングルームの背の低い書棚を猫の食事スペースにした。猫が1段高くなっている場所にたどり着きやすいように、モダンなペット用階段を設置した。これで、ルディーが低所で食事をしていても、猫たちは楽に食事にありつける。

棚を増やして、寝室のキャットウォークをローテーブルからドレッサーの上面まで延長した。戦略的に配置した猫ベッドと爪とぎスポットのおかげで、キャットウォーク沿いに素敵な目的地ができた。猫たちはうれしいことに昼寝に立ち寄れるわけだ。

この一風変わったキャットウォークの最大のポイントは、依頼人である猫たちのニーズを見極めるのが難しかったことだと思う。まだ誰のものでもない真新しい空間があるというのに、同じ場所を時間交代で使おうとしたりするだろうか？　スペースは以前の縄張りよりもずっと狭いのに、一部のエリアを支配するだけで満足できるだろうか？　そして、それぞれのタイプの猫が、高さの異なる棚にそれぞれの安心と安全を見出せるだろうか？

ケイトと私はこの難問に挑むことにした。キャットウォークには、3匹の猫がマイペースにい

ろんな高さを探検できるよう、段状に4本の車線を設けた。この配置のおかげで、猫たちそれぞれのモジョに深く入り込むことができるようにもなった。

例えば、「ツリー」、「ブッシュ」、「洞穴」のいずれにも行ける選択権を与えられると、キャロラインは「洞穴」を選ぶことに気がついた。それで、野良猫的性格が優勢になり、人間の視界から姿を消そうとするのだ。キャットウォークを作るときに、最も起こってほしくないのは、恐怖心が助長されることだ。当初は、家具の下や猫ベッドと並んで、プライベートゾーンになるだろうと思っていた整理棚の上面を、結局は封鎖しなければならなくなった。人間のベッドやソファーの肘掛け程度の高さで暮らすことが、彼女の限界ラインになった。猫ベッドは、それらのエリアに戦略的に配置した。

ポイントは、3匹の猫に共通のニーズと個別のニーズの変化に対応できるよう、柔軟な作りにしたこと。キャットリフォームにはゴールがなく、常に変化し、継続することが大切なのだ。

投稿事例 2

目的地は高所のたまり場

投稿者

サラ、エリック
［フロリダ州クリアウォーター］

猫

ウィスパー、ウィーズリー、ウォブリー、ワッフル、ミリー

我が家のリビングには、天井近くに凹んだロフトがある。朝には見事な日が差し込み、猫の居場所にうってつけの場所なのだが、そこにたどり着く方法がない。引っ越して来た当初は、その場所に観用植物を置いていた。しかし植物の世話をするにも、はしごを使わなければならず不便だった。以前から高所に猫用のたまり場を作ってやりたいと思っていた。上から監視したり、日向ぼっこを楽しんだり、まどろんだりできる、そんな場所だ。

エリックが最初のキャットツリー（タワー）を作ったとき、猫たちはすぐにツリーに登って、ロフトを使うようになった。猫たちは楽しそうに、追いかけっこをしながらツリーを登ったり降りたり、日向ぼっこしながら居眠りしたり、あるいは単に上から私たちの行動を見ていたりしていた。猫たちはツリーの樹皮も好きで、爪とぎに使っていた。

目的地は高所のたまり場

材料と費用

キャットリフォームは、3段階に分けて取り組んだ。その概要を以下に記す

1 天井下の凹んだスペースに通じる最初のツリー

- **バーオークの大きな枝**
  近くの森で拾った（無料）
- **オークの板**
  運輸省のハイウェイ事業で伐採された木をエリックが自分で加工（無料）
- **大きなボルト1本**
  地元のホームセンターにて（5ドル未満）
- **チークオイル1瓶**
  地元のホームセンターにて（15ドル未満）
- **新旧を取り合わせた　猫ベッドとクッション**
  各種（15〜30ドル）

次に、猫が使いやすいリビングにするために、部屋全体をリフォームすることにした。

2 リビングの改装とキャットリフォームの拡張

- 家中のカーペットを剥がし、エリックが手に入れたオークを加工して作った板材に張り替えた。
- 薪の暖炉を猫にとって安全なガス式に変え、簡単には登れないものを新たに設計。
- 椅子やソファーのクッションを、マイクロファイバーのものに交換。マイクロファイバーは凹凸がなく、掃除しやすい（と同時に、爪とぎ場所としての魅力にも欠けるので好都合）。
- 飾り棚（趣味の場所）を増設してツリーの横に配置し、ロフトにアクセスできるようにした。
- 壁に取り付けた半円の白い棚は親友からのプレゼント。部屋のデザインに（縦にも横にも）申し分なく溶け込んでいる。
- かごのベッド（リサイクルショップで、1個5ドル未満で購入）を飾り棚の両脇に設置。
- 何年も使っていたキャットツリーをリビングに配置（床から天井までの中ほどの高さにあたる空間を有効活用できるうえ、猫は外の景色を眺められる）。

ロフトにつながる飾り棚型キャットウォーク。その上部にとりつけた半円の白い棚は、猫の居場所であるとともに、壁面のアクセントになっている。

3 キャットリフォームの継続

● 猫ベッドをロフトに追加。通常は100ドルほどの値が付いている商品だが、時間をかけて半額のものを見つけた。

● エリックが手に入れたオークとクルミの木から、猫用止まり木を作製。猫の形をしたものと魚の形をしたものがあり、リビングルームの大きな窓に取り付けた。窓からは、森や小川にいる野生動物を眺められるので、猫も飽きない。

● 3色の木製「猫かご」（オーク、クルミ、サクラ）を作製。猫たちのお気に入り。

サラ&エリックのひと言

室内に大きなものを新しく配置する際は、家族の意見を聞くこと！　キャットツリーの最初の設置場所は、まったく実用的でなかった。玄関と物置に近過ぎたのだ。

キャットリフォーム用のきれいな商品も数多く出回っているが、多少の技術と手頃な材料で魅力的な猫用品を自作することもできる。エリックみたいな高度な木工技術はなくて

も、猫に優しい家を作ることはできる。想像力を働かせて、楽しみながらやること。猫を遊ばせる前に、安全確認だけはしっかりしておこう。

時間とお金をかけて実際に設置してしまう前に、頭の中のアイデアやプランがうまくいくかどうかを実際に猫を使って試しておくこと。例えば、リビングにキャットツリーを設置しようとするなら、事前に丸太や枝などを持ち込んで、猫がその材質やニオイにどのような反応をするかを確認しておくこと。うちの猫は木が好きだったので、この計画に「青信号」が灯った。

また、これとは逆のケースもある。エリックは最近、とても魅力的でユニークな爪とぎスポットの試作品を作ったのだが、猫たちは完全に無視している。もう少し様子を見るつもりだが、この先何の関心も示さなければ、また他の方法を考えることになるだろう。

時間や予算、専門的技術などが原因で行き詰まりを感じている場合、少しでも先に進めるように、プロジェクトをいくつかの段階に分けてみること。我が家のリビングのキャットリフォームは、これまで4年にわたり進化を遂げてきた。そして今も、新しいアイデアが浮かんだり、時間や資金に余裕ができたりしたときに、随時追加作業をしている。

結果

猫たちは毎日、リビングのキャットリフォームを行ったたまり場やツリーを利用している。うちの猫はみな社交的で、人間相手でも猫同士でも仲がよい。昼夜を問わず、たまり場には複数の猫がいることが多い。日が差し込んでいる時間帯には、大勢でパーティーをしている。私たちがリビングにいると、すぐに全員が集まってくる。くつろぎ方もさまざまだ。私たちの膝の上で寝ているのもいるし、ロフトのベッドに体をうずめているのや、木の枝にもたれているの、かごの中で丸まっているのもいる。

今回のキャットリフォームは、うちの猫には間違いなく大成功だった。私たちは、猫が楽しんでいる姿を見るのが大好きだ。

友人も、デザインがおもしろいし、魅力的だと言ってくれている。

今は改良を重ねつつ、必要な修正を続けている。シニア世代を迎えつつある猫もいるので、身体的ハンディキャップにも対応した設備を作ってやりたいと思っている。

Jackson

何はともあれ、サラとエリックには脱帽だ。きちんとキャットリフォームの下準備をこなし、人間の目だけでなく猫の目も通して世界を見て、「どうすれば、このリフォームがみんなの役に立つようになるかな?」と尋ねている。自然を室内に取り込み、猫のセンスと人間のセンスを結びつけることができている。

私からはひと言。やり続けよう、まだ終わりじゃない! キャットウォークはロフトで終わっているが、猫同士でケンカになったら、よくない結末を迎える可能性がある。ぜひとも凹みからのオフランプを別に作ることをおすすめしたい。玄関の先まで延ばして降りられるようにするのだ。キャットウォークは中断しないこと。あの行き止まりで問題が

起こるのは見たくない。それを除けば、間違いなくすべてのキャットリフォーム初心者が見習うべきすばらしい事例だ。お見事！

まるでエリックのすばらしい大工技術を見学するための展示室といった感じだけど、みんなは技術が及ばなくても弱気にならないで。大事なのは、刺激を受けること！

天然木の幹を使うというのは、すばらしい始め方ね。猫たちも気に入るはず。天然の木には、必ず虫が隠れていないかよく注意すること。そうしないと、望まざる生物が家の中に入り込んじゃうわよ。気に入ったのは、小さめの天然木を使って、飾り棚上面からさらに先までつなげているところ。このアイデアは家中のいたるところで応用できそうね。

最適な猫ベッドを見つける

キャットウォーク上の重要な目的地となる休憩所

猫用のベッドには数多くの種類があり、好みと予算に応じたものを選ぶことができる。縄張りの中で特に重要な場所であるベッドは、臭いを吸着してくれるうってつけのアイテムだ。猫ベッドは、キャットウォーク上の重要な目的地であり、休憩所にもなる。

好きなベッドの種類は猫によって異なるので、いろいろなタイプを試し、あなたの猫が気に入るベッドを見つけ出す必要がある。お気に入りの猫ベッドを探すだけでなく、猫ベッドを家のさまざまな場所に設置してみて、安心して休息できる場所を見つけ出すことも大切だ。猫ベッドにはかなり安いものもあるので、いくつか買って家中に置き、どの場所で休みたがるかを観察してみよう。

いろいろな猫ベッドを試してみよう

1 ドーナツ型ベッド

底面は平たく、縁が少し盛り上がっている。楕円形のものが多い。体を支えるには十分だが、外からはほぼ丸見えだ。

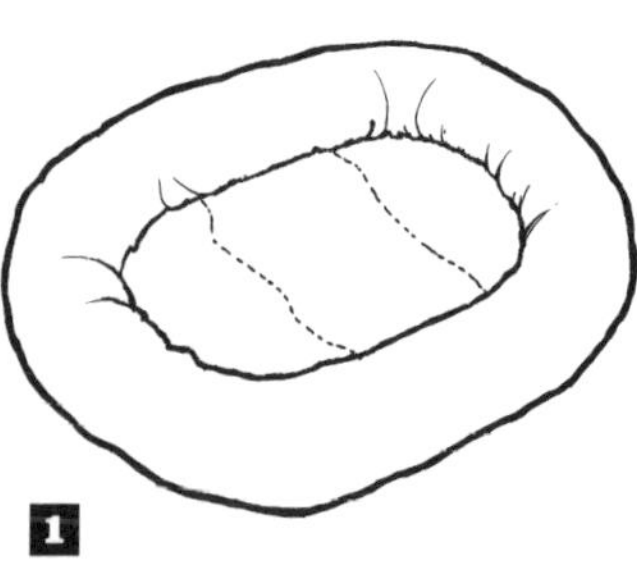

1

2 コクーン型ベッド

ほぼ完全に密閉された、繭型のもの。中に閉じ込められないように、出入り口が2箇所あるか確認すること。

3 フード付きベッド

体をうずめることができ、体は一部が隠れる。隠れ家の役割も兼ねる。

4 バケツ型ベッド

側面が少し高いので、十分にくつろげる。また、縁越しに外を覗ける。

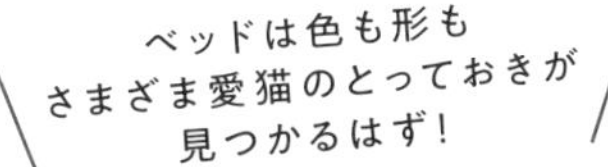

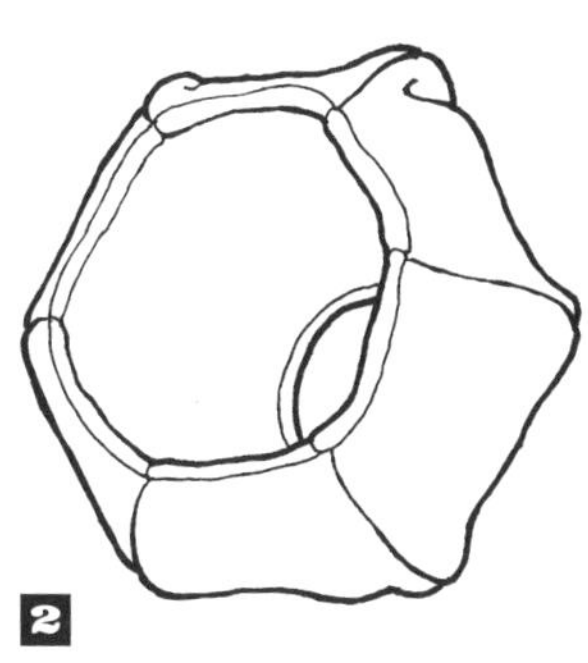
2

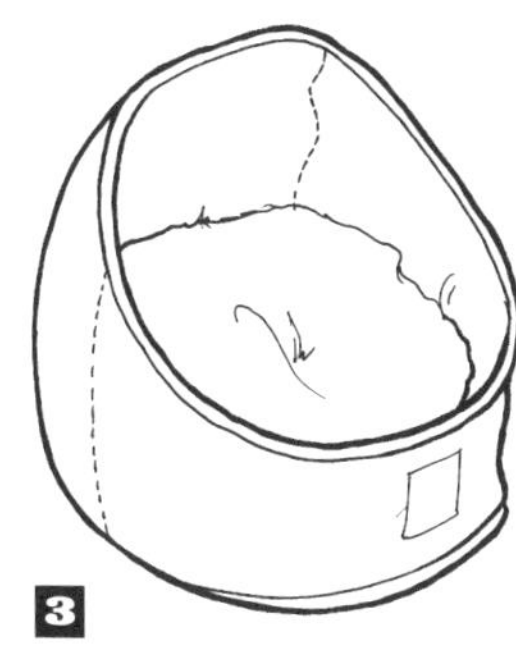
3

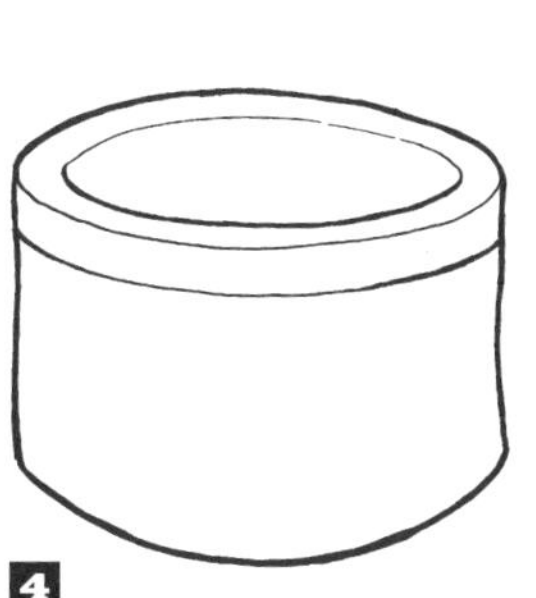
4

Case

オリーブ・ペッパー

回転ドアで逃げ道をつくる

マイクとエミリーが住むニューヨークの小さなアパートの一室は、飼い猫オリーブとペッパーの戦場になっていた。同じ部屋にいると、必ず凄まじい戦闘が勃発するのだった。だから夜も安らかに眠るには、どちらか1匹を寝室から追い出す必要があったが、片方をひとりぼっちにするのはかわいそうなので、結局、マイクとエミリーのどちらかひとりが寝室から追い出した猫に付き添うことになった。結婚式も刻一刻と迫ってきており、ふたりが心置きなくハネムーンを楽しむには、状況をどこか変えねばならなかった。

オリーブは片時もペッパーから目を離さなかった。オリーブは猫チェスの達人で、実力は兵隊の位で言えば「クイーン」レベルなので、ペッパーのどんな動きも封じてしまう。だからペッパーは、オリーブの視界に入っているのを感じるとすぐ、内弁慶猫になってしまうのだった。

部屋の間取りのせいで待ち伏せ地帯がいくつもできていたことが状況をさらに悪化させた。オリーブはそこでペッパーを待ち伏せし、隅に追い詰め、逃げ道をなくしてしまうのだった。2匹の猫に仲よく暮らしてもらうには、この場で繰り広げられている猫チェスの試合（ペッパーには勝ち目がないのだが）を即刻中断させる必要があった。

Column

猫チェス

猫とネズミのゲーム、つまり捕食者と被食者のゲームを違った角度から見たものが、猫チェスだ。狩りをしているハンターは、まるでチェス盤でも見ているかのように周囲に目を配り、隙あらば「駒」を取ろうと目論んでいる。優れたハンター（ほとんどの猫がそうである）は、3手先を読む。動きをすべて予測して、獲物の行く手を阻み退路を断つ。

オリーブの視線におびえるペッパー

猫チェスの達人オリーブ

[オリーブとペッパーのための動線計画]

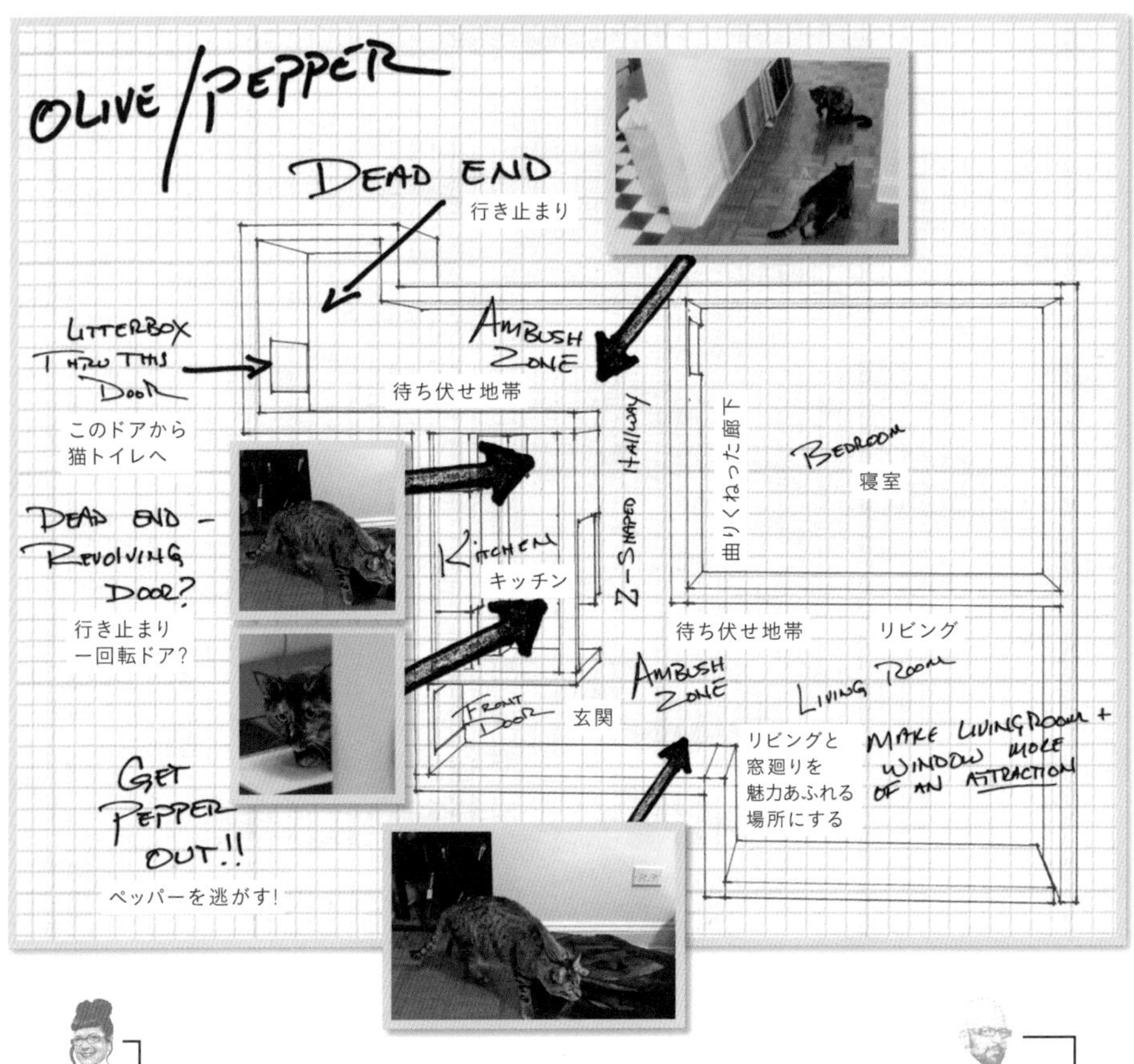

Jackson

初めてマイクとエミリーの部屋を訪れたときのことは、今でも覚えている。部屋に足を踏み入れ、なすべき仕事を前にしたとき、何から手を付けてよいかわからず、唖然と立ち尽くすほかなかった。いたるところ、行き止まりや待ち伏せ地帯だらけだったのだ。部屋はニューヨークのアパートによくある間取りで、廊下が狭く、曲がりくねっている。しかし、問題は間取りだけではなかった。猫にも問題があった。オリーブは明らかに猫チェスの達人だったのだ。戦況を変えるための戦略を練る必要があった。

Kate

そうそう、キッチンの、見るからにペッパーがすぐに追い詰めら

曲がり角の多い廊下

れてしまいそうな一角をじっと見ていたわね。「逃げ道、逃げ道、逃げ道はどこだ」とブツブツ言いながら。その隅には丸めたカーペットが立て掛けてあって、ひどい行き止まりになってた。いつからそこにカーペットがあるのかとマイクに聞いたら、「引っ越したときから」という返事。つまり、そのスペースは有効に使われていなかったのね。だから、その隅に何か工夫できるんじゃないかということになったの。

「逃げ道、逃げ道」と口にしていたら、アイデアが浮かんだ。回転ドアみたいにすればいいんだ。ペッパーがその隅に駆け込んでくると、知らない間に逃げ出せている。相手の力を利用する太極拳のように、ペッパーの逃走本能と勢いを利用して、ペッパーのルートを変えてやればいい。そうすれば、ペッパーはそのスペースを抜け出して、来た道にまた出られる。ここでは「勢い」が鍵だ。ペッパーを止まらせるわけにはいかない。止まれば、身動きできなくなってしまう。身動きできなくなると、にらみ合いが待っている。

オリーブの戦術

オリーブが攻撃を始めるときはいつも、部屋の中のペッパーの反対側を陣取り、チェスボードの全体を見渡し、攻撃する角度や逃げ道になりそうな箇所を確認する。それからオリーブはペッパーと視線を合わせる。すると、ペッパーはヘッドライトを浴びた鹿のように固まってしまう。それからオリーブは、逃げ道をひとつひとつ巧みにつぶしながらペッパーを追い詰めていく。少しずつペッパーに忍び寄り、最後にバン！　情け容赦ない攻撃だ！　野生の猫はこんなふうにして獲物を追い詰めて殺すわけだが、家の中にこんな物騒なやつがいたのではたまらない。マイクとエミリーは、常に猫たちが別々の場所にいるよう見張っていなければならず、神経をすり減らす毎日だった。

不穏な渦

ニューヨークのアパートに特有の曲がりくねった狭い廊下のせいで、格好の待ち伏せ地帯が生じた。オリーブはそこで待ち構え、ペッパーの逃げ道をつぶして追い詰める。待ち伏せ地帯があるのは、猫用トイレが置いてあるバスルームと、寝室（家の中で社会的に最も重要な場所）だった。敵対する猫同士が主に時間を過ごすのがこの場所だということになれば、争いは必至だ。

オリーブに追い詰められ、固まるペッパー

ペッパーの回転ドア

オリーブはいつもキッチンの外を陣取り、ペッパーをキッチンの中に追い込む。最初に取り組んだのがこの難問だ。解決策として、ペッパーを安全な場所に逃がせるような「回転ドア」をキッチンに作ることにした。マイクとエミリーのアパートは賃貸だったので、壁に穴を開けずにすむ方法を考えた。結局、壁に何も掛けなくてすむコンパクトな垂直環境を作り出すために、突っ張り棒式のキャットタワーを使うことにした。このタワーなら隅にぴったり収まる。オリーブがペッパーをキッチンに追い込んでも、ペッパーは自然にタワーをらせん状にぐるぐる登って、タワーの隣に新たに置かれた整理棚に飛び出し、きれいに片付けたばかりのカウンターの上部に飛び乗ることになる。念のため、新しい整理棚とカウンターの上面にサイザル麻のノンスリップマットを敷き、ペッパーが滑りにくいようにした。

これを解決するには……

これを使って……

別の逃げ道

キッチンにさらに別の逃げ道を用意するため、冷蔵庫の上にもサイザル麻のマットを敷いた。冷蔵庫へはタワーの上段から簡単に飛び移れる。その結果、ペッパーは食器棚上面の心地よい猫ベッドに逃げ込めるようになった。また、カウンターに飛び降りたり（ここにもサイザル麻のマットがある）、反対方向に進んだりすることもできるようになった。

ペッパーはすぐに新しいキャットタワーを使うようになった。マイクとエミリーは、ペッパーが以前よりもリラックスして心地よさそうにしているのを見て大喜びだった。ペッパーの姿勢を見れば、以前よりもおどおどせず、自分の環境に自信を持っているのがわかるはずだ。今では、キッチンの隅に追い詰められることもなく、安全に自分のタワーによじ登り、カウンターか冷蔵庫のどちらかの上に出ることができる。

食器棚の上にある猫ベットへ

［ペッパーの逃げ道］

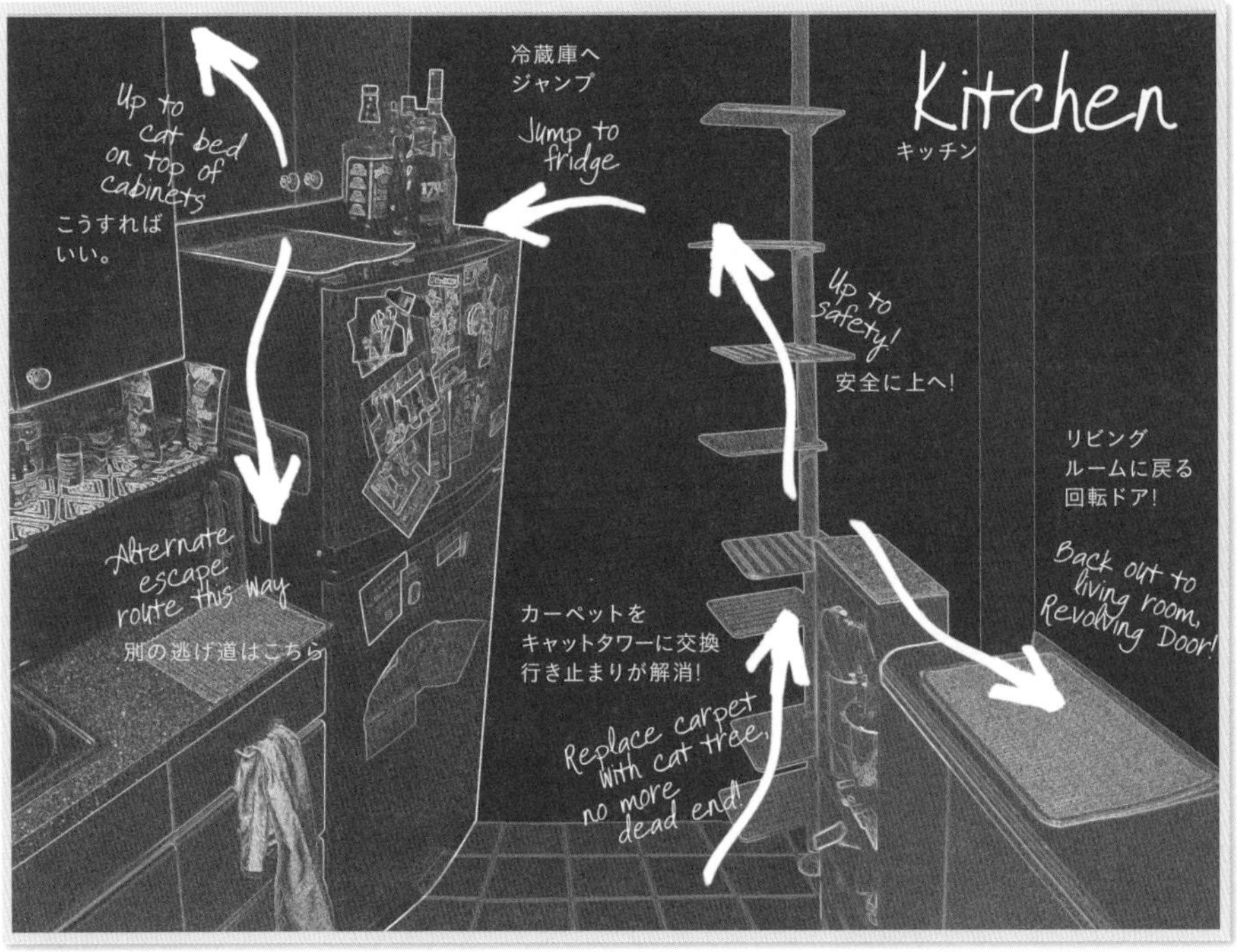

Kitchen
キッチン

Up to cat bed on top of cabinets
こうすればいい。

冷蔵庫へジャンプ
Jump to fridge

Up to safety!
安全に上へ!

リビングルームに戻る回転ドア!
Back out to living room, Revolving Door!

Alternate escape route this way
別の逃げ道はこちら

カーペットをキャットタワーに交換
行き止まりが解消!
Replace carpet with cat tree, no more dead end!

マイクとエミリーの家では、廊下がもうひとつの問題だった。廊下の奥まった部分は有効活用されずにいることが多く、目が行き届かないので、多頭飼いの場合に問題が発生する地点になりがちだ。その場所が、オリーブがペッパーを追い詰めて、チェックメイトをかけるもうひとつの行き止まりになっていた。この行き止まりに対処するために、回転ドアをもうひとつ作った。これも走り込んで来るペッパーの勢いを利用したもので、勢いあまって自然に外に出られるという寸法だ。具体的には、2本のタワーを使い、ペッパーがよじ登って脱出できるようなジャングルジムを作った。さらに、廊下の反対側に置かれたテーブル上面にはサイザル麻のマットを敷いた。これでペッパーは廊下の壁の凹みに閉じ込められることなく、ツリーからテーブルの上へ飛び移り、廊下を引き返すことができる。

［回遊動線で逃げ道を確保］

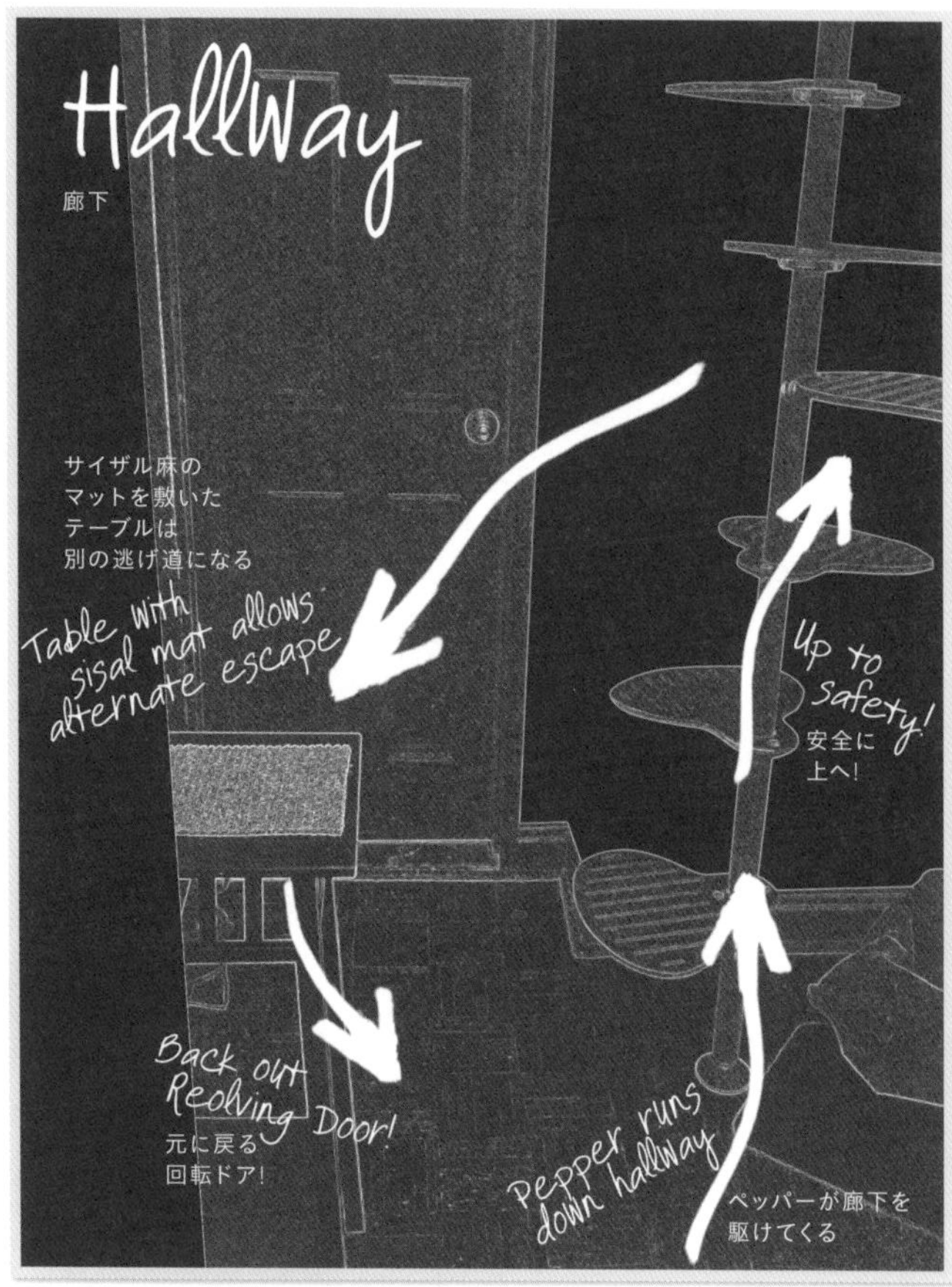

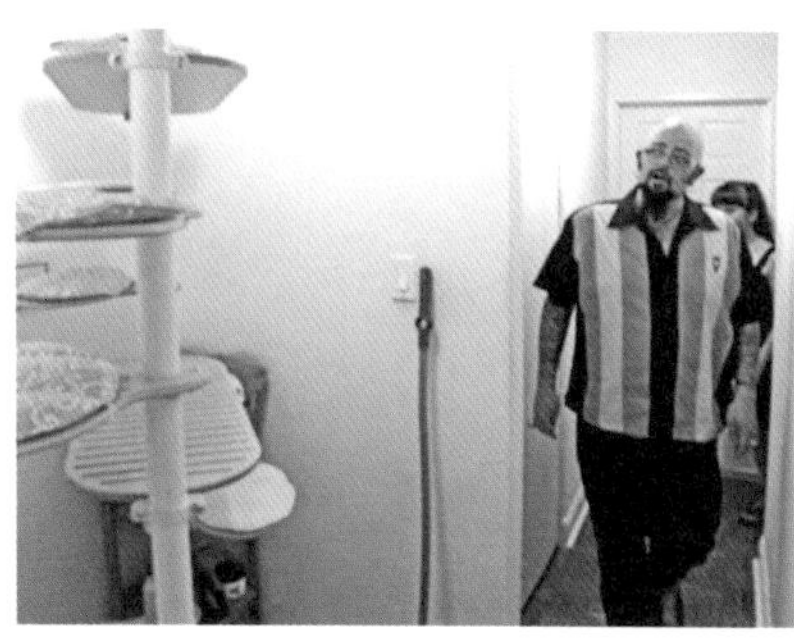

Column

回転ドア

回転ドアは、待ち伏せ地帯や行き止まりに常にスムーズな動線をもたらす仕組みだ。回転ドアにはキャットステップや上り下りできるアイテムを使用し、猫が安全な場所に出るまで移動し続けられるようにする。

Catification Essentials 1

プランター猫ベッド

程よく囲われた形状の入れ物をただ置くだけでも、その猫専用の居場所が完成

植木鉢にクッションを入れるだけ。クッションがニオイを吸着し、縄張りマーカーの役割も果たす

植木鉢とクッションがあれば、インテリアに合った即席猫ベッドの出来上がり。植木鉢そのままが好きな猫もいるので、その場合はクッションなしで！ 何の手間もかからない 。

植木鉢がなくても、入れ物なら何でもいい。かごでも、装飾付きの収納箱でも。それから、クッションでなくてもいい。毛布でも、色つきのタオルでも。想像力を働かせて、見た目が気に入ったものを見つけるだけだ。

投稿事例 3

猫用らせん階段

投稿者 リン・クラックメルツィグ［ルクセンブルク］

猫 ポー、クッキー

高所が好きな2匹の愛猫のために、階段を設計・製作し、戸棚の上の空間を使えるようにした。らせん階段にしたことで、最小限のスペースに収まった。

このプロジェクトを選んだのは、配慮が細部にまで行き届いているからだ。ぜひともこうした繊細さを見習って、自身のキャットリフォームに役立ててほしい。リンは持てる能力のすべてを、このらせん階段に注ぎ込み、その結果、意匠性と機能性を兼ね備えた階段を作り上げた。

この事例は実に刺激的だ。戸棚の上の他にも開発可能な場所が数多くある

からだ。現状の単体のままであっても、すばらしいアイテムだし、戸棚の反対側にまで達するようなキャットウォークが誕生する可能性も大いにある。

材料と費用

階段部分にはパイン材、軸部分には直径22㎜の銅パイプを使用。天井に密着させる部分には直径15㎜の銅パイプを使っている。本体のパイプとしっかり結合できるようになっている。木の自然な感じが好きなので、階段には色を付けなかった。

パイン材、銅パイプなどの材料費は、約50ユーロ。また、睡眠中に「見張り台」から転落しないよう、一番上のシェルフの側面に小さな出っ張りを設けた。

リンのひと言

これは作りやすいデザインだ。とはいえ、時間はかかる。階段のステップは100段ほどもある。落ち着いて、垂直できれいな穴を開けることが大切だ。そんなに難しくはない。とにかく作り始めて、じっくり時間をかければ

いい。これと似たようなもので、もっと背が高いものを作る場合は、補強のために、階段の中ほどに支持材を追加し壁に取り付ければいい。

Jackson

みんな、これを見てびびってちゃダメだぞ！ これは、特殊な才能を猫のために注ぎ込んだ飼い主の例だ。自分なりに得意分野を見つけて、その強みを活かすこと。

Kate

らせん階段はスペースを節約するのにぴったりな方法。形もきれいで、なんだか現代彫刻の作品を見ているようね。応用としては、種類の違う天然木やウッドステイン（木材着色剤）を使ったり、階段に塗料を塗ったりして、ちょっと色を付けてみることもできるわね。

結果

最初は様子を探るだけだった猫たちも、すぐに新しい階段を使い始めた。ポーは「見張り台」で寝そべるのがお気に入り。2匹とも階段を登って戸棚の上に行き、そこで寝そべったり休んだりしている。猫たちにも喜んでもらえたと思うし、見栄えもいい感じだ。

Catification Essentials 2

強化ガラスで家具を保護する

大事な家具 ――ローテーブルやドレッサーなど――を猫立ち入り禁止区域に指定しない場合は、強化ガラスで上面を保護するのがいい。そうすれば引っかき傷も付かないし、掃除もしやすい。

猫が跳び乗る可能性がある場合は、必ずノンスリップマットを敷いて、猫が滑り落ちないようにすること。

投稿事例 4

アパートの壁面運動場

投稿者 ニコ、カトゥボゴタ［コロンビア］

猫 アラーナ

アラーナは路上で出会った猫だ。私たちのアパートには、猫が登ったり、走ったり、遊んだり、隠れたりできるような場所があまりなかったので、アラーナのために別の家を探す予定だった。アラーナのことが好きでたまらない私たちは（ジャクソン・ギャラクシーの番組の影響で！）彼女をアパートで飼うことに決め、運動したり遊んだりできる専用の場所を室内に作ることにした。

アラーナは、我が家にやって来た瞬間からとても活動的で、跳び回れる場所をもっと多く作ってや

アラーナのために作ったキャットウォーク

ることが必要なのは明らかだった。アラーナが私たちのそばにいたがることもわかっていたので、室内に運動場を設置することにした。

この作品の原動力はアラーナに対する愛情だった。アラーナを我が家で飼いたかった。ただ飼いたいだけでなく、可能なかぎり最高の条件で飼いたかった。彼女が愛されていると感じ、幸せだと思えるような、安全でとても楽しい場所で飼いたかった。想像にすぎないが、アラーナが「お願い！　私もここに住みたい！」と言っているように思えたのだ。

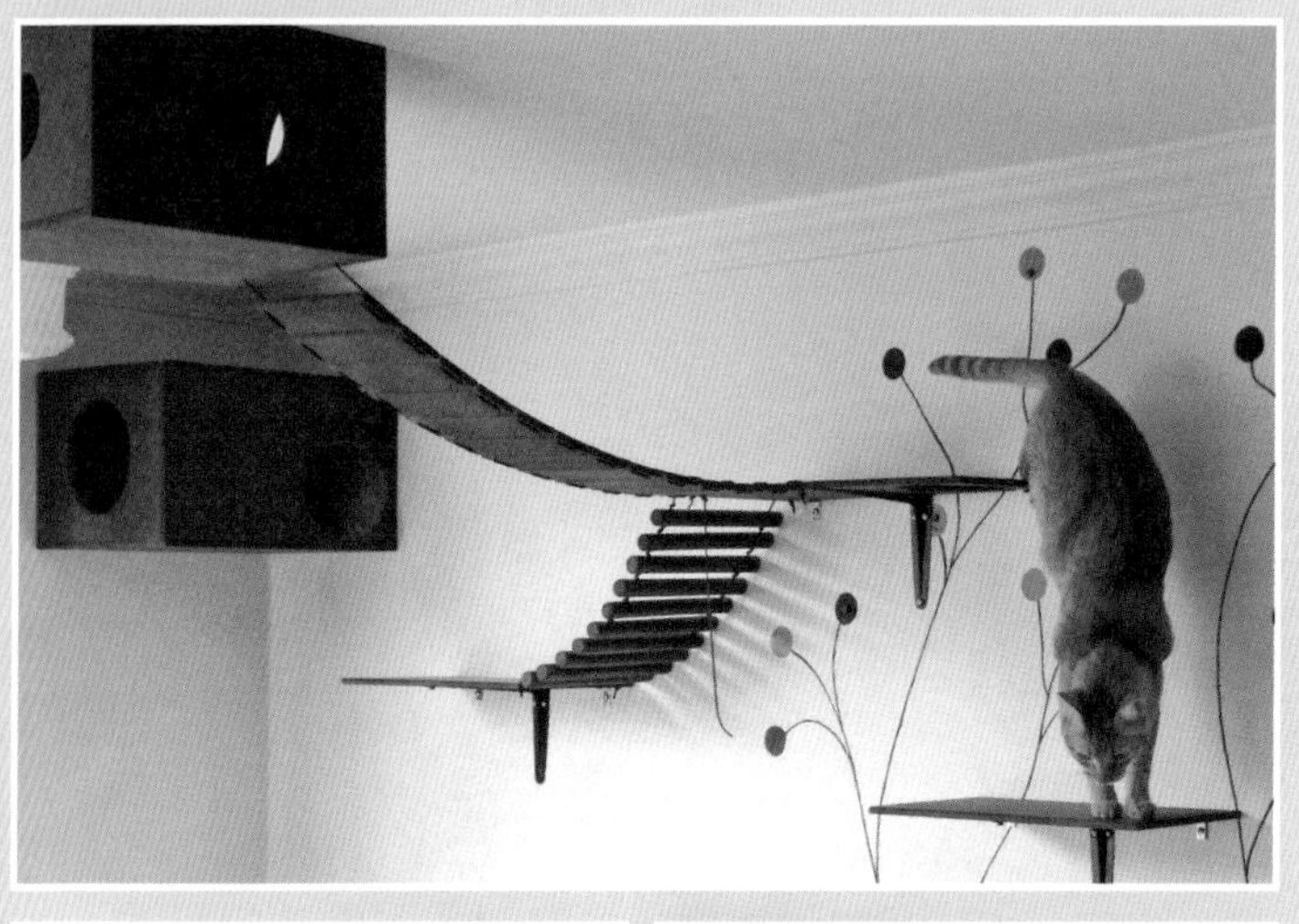

Jackson

これは気に入った。どの写真にも、猫に対する愛情がにじみ出ている。単に「何でもいいからとにかくキャットウォークを作り上げてしまおう」という態度ではない。この作品は極めて芸術的な視点から、つまり猫がキャットウォークを歩き、ステップを登っている姿を想定しながら、構想されている。キャットリフォームが無事完成すると、飼い主は観客気分を味わえる。猫が自分の環境を進んで行く姿を見れば、猫が生粋の振付師兼ダンサーであることがわかる。そこでは意匠と機能が溶け合っているのだ。ステップを見るだけでも実に美しく魅力的だが、この事例における芸術性は、実際に猫がこの空間を歩いているときにこそ現れる。そこには、とても美しいなめらかさがある。

これまで多くの事例を見てきたが、どんな事例にも改良あるいは拡張の余地はある。この事例に対する第一印象は、なぜ片側にしかボックスがないのかということだった。この部屋には、ボックスを設置できそうな場所が他にも3つほどある。右側はいろいろと活用できそうなのに、まったく使われておらず、空っぽだ。ぜひとも壁全体に張り巡らさせた運動場を見てみたい。

私が好きなのは、吊り下げ式の箱。この箱のおかげで、アラーナは、縄張りを監視するのに最適なツリー猫の隠れ家を手に入れることができた。それから、橋の通路もクライミングウォール（キャットステップやランプウェイが設置された壁面）のいいアクセントになっているわ。でも、一番好きなのは、ステップの丸い切り抜き。ひとつ上（または下）のステップへはこの穴を通っても行けるのよ。

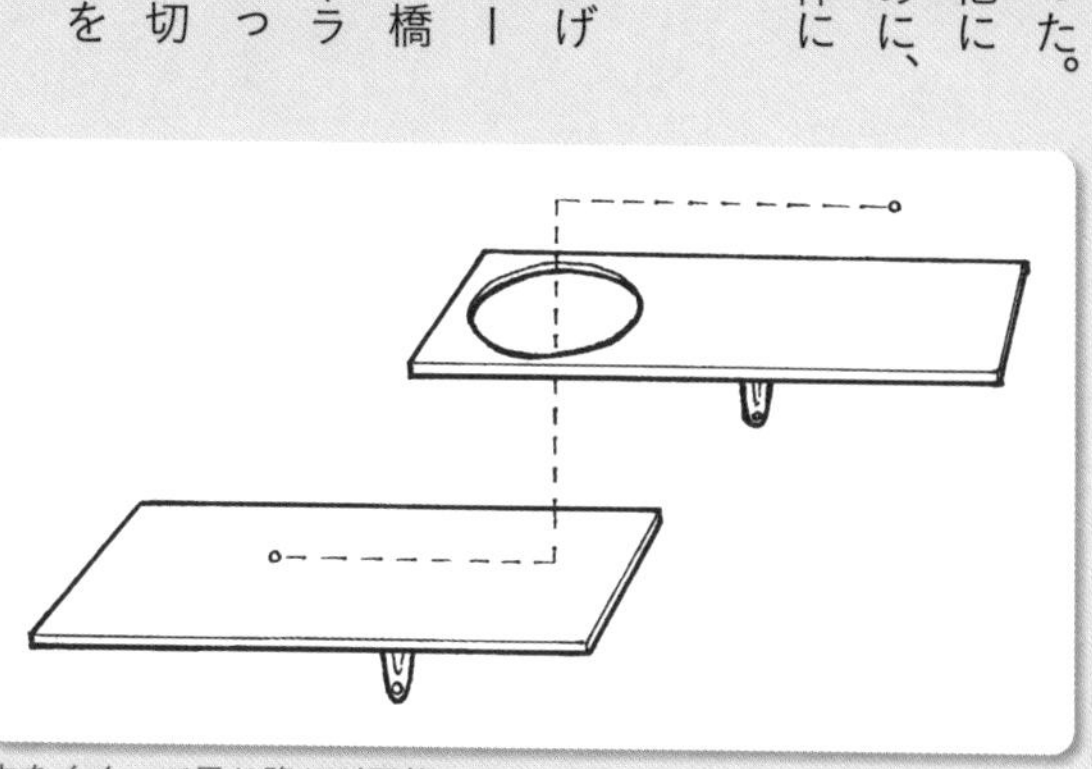
穴をくぐって昇り降りが可能

材料と費用

このキャットリフォームに大した費用はかからなかった。全部合わせて100ドルくらい。材木は近くの店で、部品（ネジ、棚受け金具、接続金具、リベット、塩ビパイプ）はホームセンターで買った。

ニコのひと言

作り始める前に設計についてはっきりした考えを持つことが、成功の秘訣。

結果

アラーナは最初、新しくできた運動場に大して関心を示さなかった。アラーナにとっては奇妙なものだったので、近寄ろうとはしなかったが、おやつでおびき寄せてみると、すぐにそこが自分のための特別な場所であることを理解した。今では、毎日運動場を使っているくらいだ。そこでは何の制約もなく本来の自分でいられるので、すっかり気に入っている。走ったり跳んだりして、壁に設置したすべての遊具を使っている。そのうち使わなくなった遊具が出てくれば、その部分を取り替えて、末永く楽しんでもらおうと思っている。

猫と一緒に過ごせるオフィス

ケイトが書斎に施したキャットリフォームを紹介

私が自宅の仕事場に行ったキャットリフォームの一部を紹介するわ。マンションに引っ越して、仕事場を作ったとき、元々は机の上の整理棚を立ち入り禁止にしていたの。最初はそこに壊れないものを飾ろうと考えていたけど、そこまで手が回らなかった。猫たちは机の上に座って、立ち入り禁止地帯を登りたそうに見上げていたけど、けっして登らせなかった。というのも、机から整理棚の上まではかなり距離があって、ちょっと危険過ぎたから。ある日のこと、とうとう根負けして、整理棚の上に何も置くつもりがないのなら（結局、ほこりまみれにしていただけだった！）、猫にそのスペースを譲った方がよいことに気がついたの。でも、そこに登り降りする道をきちんと作ってあげる必要があった。そうしないと、机の上が整理棚の上に跳び乗るための発射台になりかねない。

解決策はとても単純なことだった。整理棚の両側に小さなキャットステップを設置して、左右2つのランプウェイを作ったの。こうすれば、追い詰められる猫も出ない。私は猫用家具の通販サイトで買ったキャットステップを使っ

たけど、ふつうの棚板と棚受け金具で自作することもできるし、ホームセンターで別の小さな棚を探してもいいわね。整理棚の上面にサイザル麻のマットを敷いたら、すぐに猫たちお気に入りのたまり場になったわ。

今では、机に座っているときはいつも猫といっしょ。猫たちは上から私を眺められるし、私もあの子達の様子を確認できるからすごく安心。私は上にいる猫を見るのが大好きだし、仕事中に近くに猫がいてくれるなんてすばらしい環境よ。それから、猫たちが自分たち専用の場所——キーボードの上ではなく——を手に入れられたのもよかった。

猫は仕事中の飼い主を見られるし、飼い主は上に登ったり昼寝をしたりしている猫を見られる。いいね！

猫と一緒に過ごせるオフィス

Kate's Tips

キャットステップ(ペリカンクリップ付き)の作り方

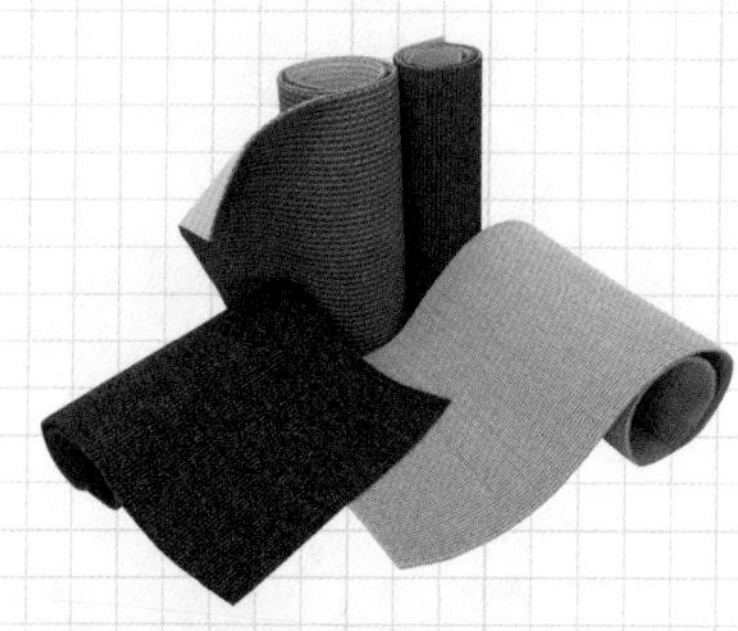

サイザル麻のマットは、お気に入りのキャットリフォームツールのひとつで、いつも手元に置いてある。規格サイズのサイザル麻のラグを作った残りをメーカーが束にして、売り出している。通販サイトでも手に入る。半端品は幅15〜25㎝の短冊状のものが多いから、どんな計画にもぴったり。1ポンド当たり2〜3ドルで、一度に5ポンド(2.3kg)、10ポンド(4.5kg)、15ポンド(6.8kg)とまとめ買いできる。

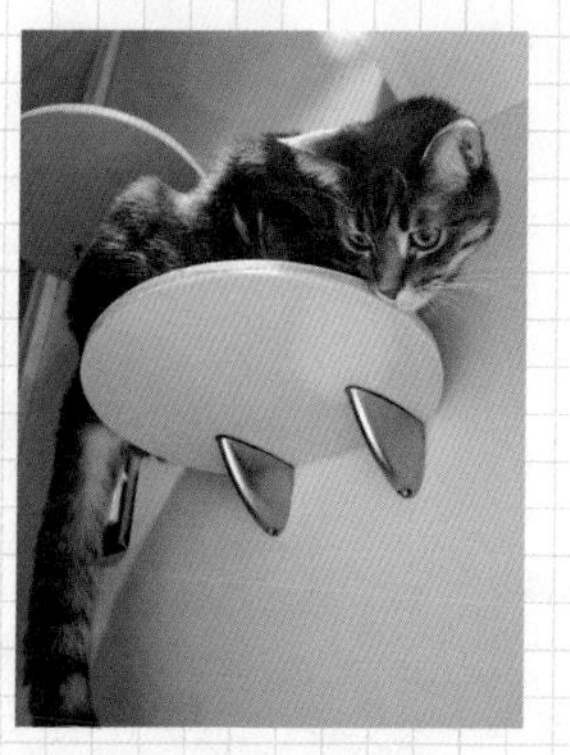

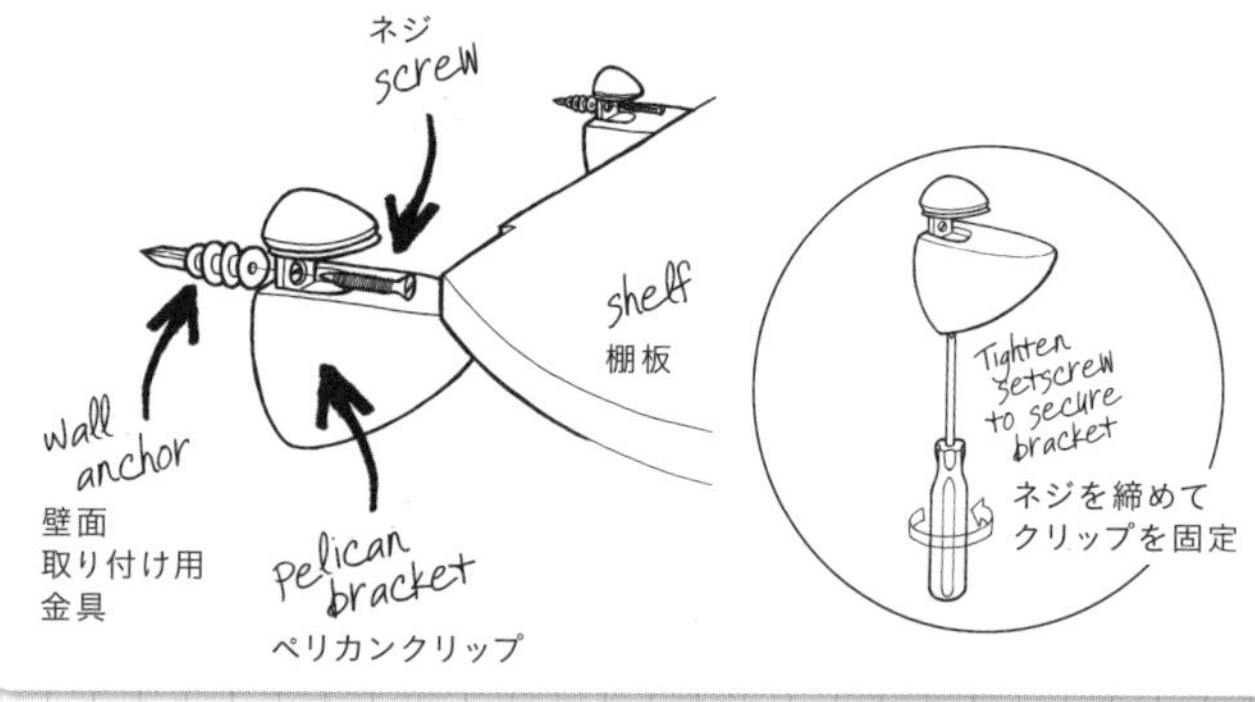

ペリカンクリップは、棚板が浮いているように見せてくれるので、小さめのステップを壁に取り付けるのに魅力的な方法だ。必ずネジで壁の間柱に固定するか、頑丈な壁面取り付け用金具を使うこと。壁にペリカンクリップを取り付け、クリップに棚板を滑り込ませたら、クリップの下部にある止めネジを締めるだけだ。

ペリカンクリップは、さまざまな形状や仕上げのものが出回っているので、インテリアに見合ったものが見つかるはずだ。どんなものがあるか、近くのホームセンターでチェックしてみよう。

Catification Essentials 3

家具上面にはノンスリップマットを!

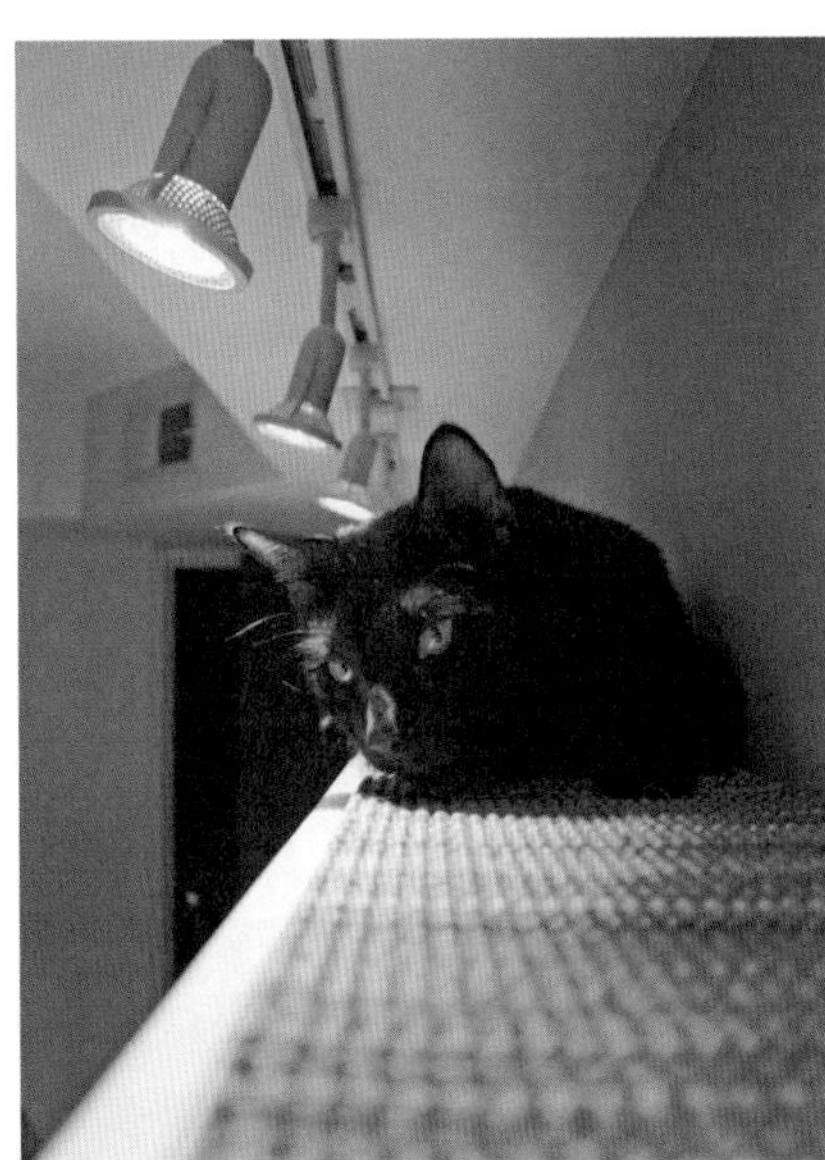

キャットリフォームをするなら、滑り止めの裏地の付いたマットは欠かせない。この本で紹介しているリフォームでも、そのほぼすべて（特にキャットウォーク）にノンスリップマットが使用されている。猫のスリップ防止だけでなく、表面に引っかき傷が付かないようにするのにも役立つ。とりわけ老猫、運動に問題を抱えた猫、体重が増えすぎた猫には、必須の品だ。これらの猫にとっては、滑りやすい面を進むのが何よりも辛いのだから。テーブル、書棚、整理棚……とにかく猫が歩く可能性のあるところには必ず、その上面にノンスリップマットを敷いておくこと。ゴムの裏張りのある玄関マットや裏面に滑り止め加工を施したサイザル麻のマットなども使える。はさみかカッターナイフで、適当なサイズと形状にマットを切ればいい。

投稿事例 5

引き出しでつくるキャットタワー

投稿者 ウェンディ&デイビッド・ヒル［オレゴン州サンリバー］

猫 クーパー、イジー

　ウェンディとデイビッドは、使い古したチェストから飾り棚を作るという独創的な再利用の方法をテレビで見て、刺激を受けた。猫は引き出しで昼寝をするのが大好きなので、これはキャットリフォームプロジェクトとしても申し分ない。

　ウェンディとデイビッドは、チェストの引き出しを再利用して個性的なタワーを作った。安価な木材で枠組みを作り、引き出しを取り付けてタワーにした。完成した引き出しタワーは高さ約1・8mで、頑丈に作られている。設計するときの注意として、必ず猫が引き出しから引き出しへ簡単に跳び移れるようにすることが大切。引き出しの位置と間隔は各自で調整する必要があるかもしれない。

材料と費用

38㎜角の木材を6本と、5段引き出しの中古のチェストを使用した。かかった費用は、チェストに40ドル、木材に10〜15ドル。猫が休むのにぴったりの引き出しを見つけるために、家具屋を見て回った。欲しかった引き出しは、サイズがすべて同じ、正方形に近い長方形、大き過ぎず小さ過ぎずというもの。条件に完全に一致する引き出しを見つけるには時間がかかった。

ウェンディ&デイビッドのひと言

タワーはふたりがかりで組み立てた。配置について事前に決めておくべきこともあったが、実際には、固定する前に試しに部材をつなげてみただけだ。引き出しはすべてが木製で、前面に色が塗ってあり、引手は装飾付きのものだったが、そのすべてが気に入っている。

結果

うちの猫は、タワーが大好き！　昼寝用の2つの引き出しにはフェイクファーを敷いてみたが、気に入ってくれた。どこに置くのがよいかとあちこち動かしてみたが、最終的に猫たちが一番気に入ったように思えた冷蔵庫の隣にした。このタワーは別に作ったキャットウォークへも登り降りできる。このタワーからは私たちが料理しているのも見えて、遊ぶのにも、昼寝にもぴったりだ。

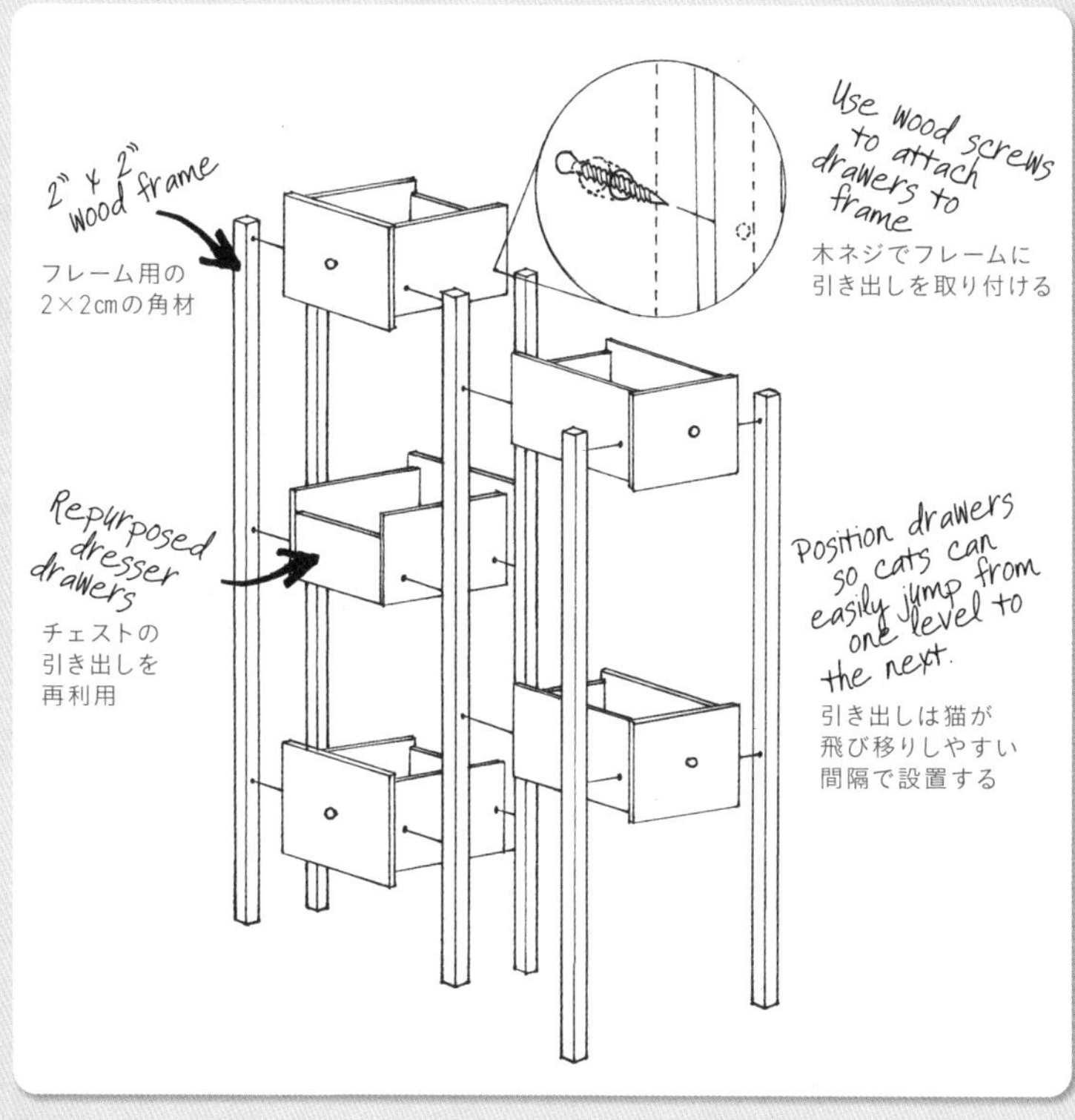

まじめな話、猫が引き出しで昼寝することほど自然なことはない。これはすばらしい！　この事例には各自でアレンジできる部分が数多い。引き出しのサイズやスタイルを自由に選んで、お好みのものが作れるので、無限に可能性が広がる！

再利用というのもいいわね。現実にお金をかなり節約できるだけでなく、古い家具がゴミ処理場行きになるのを防ぐことにもなるわね。今度リサイクルショップに行ったら、他にも猫用に独創的な再利用ができそうなものがないか物色してみるといいかも。

投稿事例 6

シニア猫のキャットウォーク

猫
ベラ、メチャット、アンバー、カリ

投稿者
ダン&ジェニー・ジョンソン［ノースカロライナ州ウィルミントン］

大きなキャットウォークが目玉のこの事例は、ダンとジェニーが4匹の愛猫、ベラ、メチャット、アンバー、そしてシニア猫カリのために作ったものだ。ふたりは、すべての猫が地上に降りることなく室内を動き回れる方法をいくつも用意し、カリが垂直の世界に入りやすくすることで自信を高めようとした。このキャットウォークにはランプウェイをいくつも設置してあるので、問題なく複数の猫が同時に行き来できる。

このキャトウォークを作った理由としては、

1 ジャクソンの番組を見て、いいアイデアだと思った。うちの猫たちの運動不足解消にもなる。

2 多頭飼いなので、くつろげる「安全な」場

所を作ってやらなければといつも思っていた。

3 高齢になってきたカリに、他の猫に急かされることで失った自信を取り戻してもらいたかった。自信のある猫こそ幸せな猫だから！

材料と費用

家具量販店で見つけたキャットウォーク用の棚板と通販サイトで見つけたすてきなキャットタワー（これまでに見たものでは一番）を2本使用した。棚板は高くはなかった（使用した20点で約200ドル）。タワーは1本で約200ドル。合計600ドルがこのキャットリフォームにかかった費用だ。

ダン＆ジェニーのひと言

このキャットリフォームをの第一課題は、キャットウォークを人間の生活空間になじませるだった。ジャクソンのノウハウを参考にして、複数のランプウェイを設置する方法を模索していた。通販サイトでキャットタワーを見つけたのは、その頃だ。このタワーは、しゃれているし、設置も簡単だし、デザインにも柔軟性がある。そして何よりも、うちの猫たちはタワーが大好きだ！　唯一の問題は、壁内部の柱の間隔より幅の狭い短い棚板をどう2本の柱に固定するかだった。というのも、柱に取り付けられなければ、うちの7kgのおデブちゃんを支えき

れない可能性があったからだ。結局、柱の間隔に合った長い板を補助板として取り付け、そこに棚板を取り付けることにした。

結果

猫たちはみんなキャットウォークを気に入ってくれたので、大成功だと思っている。もっとも、その使い道は猫それぞれだ。高所派は、上まで登って、うろちょろするのが好きだ。地上派は、高所派が登り終わって、部屋を通り抜けるか、居心地のよい椅子に落ち着くかしてから登る。キャットウォークのおかげで、猫たちの選択肢が増え、生活範囲も広がった。現在は、キャットリフォームの拡張に興味があり、そのための材料と図面もすでにある。次の段階では、女の子たちが昼寝スポットからおやつスポットに行くのに地上に降りなくてすむよう、リビングとキッチンの間の壁をなくす予定だ。

気に入った！　ダンとジェニーが言う通り、自信のある猫こそ幸せな猫だ。これは、「愛猫は何を望み、何を欲しているのか？」と自問する地点からキャットリフォームを開始する飼い主の完璧な例だ。ふたりは、

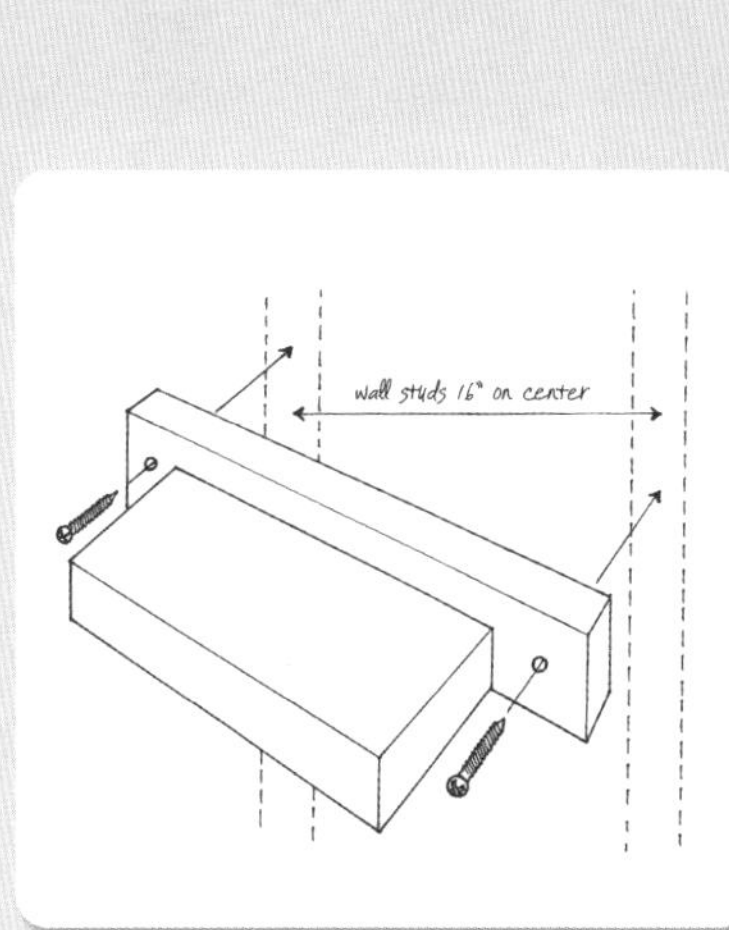

短い棚板には柱の間隔に合わせて補助板を取り付ける

カリが年を取り、他の猫たちにせっつかれるようにまでなってしまったので、逃げる力と登る力が損なわれていることを気に留めている。年を取ると、猫は自分の体が信じられなくなり、自信を失う。ダンとジェニーには、数年後、タワーだけでカリは大丈夫かどうかを考えてほしいと思う。そろそろ、シニア猫をうまく誘導できるように車線を修正する方法――具体的には、キャットステップをランプウェイにする方法――を考え始める時期だ。事前に計画を立て、早めに手を打とう。老化は避けられない以上、そのことを考えておくべきだ。

インテリアととってもよく調和した、すばらしい解決策！　ステップに座っている猫たちがまるで彫刻みたいで大好き。それから、短過ぎて柱に届かない棚板を長めの板に取り付けるという発想もすばらしい。そうすれば、柱にも届く。お見事！　高所にステップを設けるときは、常に棚板の強度が猫の重さに十分耐えられるかどうかを確認しておいた方がいいわ。特に飛んだり跳ねたりすると、棚板にかかる負荷はかなり増加するでしょ。第2弾が待ち遠しい！

投稿事例 7

壁の形状を生かした遊び場

投稿者 ライアン・デイビス［カリフォルニア州ローズビル］

猫 ミーシャ、ソマーズ

母と義父はベンガルを2匹飼っている。ふたりは以前から、キャットウォークを含めた何らかの猫用遊具を作る話をしていたが、具体的なアイデアはまったくなかった。ふたりの考えでは、作るなら、45度で面取りされた壁の角に設置するのがいいだろうということだった。私はものを設計したり作ったりするのが大好きだったし、幸運にも、ふたりの家のガレージには大きな作業場があった。面取りすることで空いたスペースを活用できたら、また作業場の道具を好きに使えたら、すばらしいだろうと思った。

登る、遊ぶ、歩く、寝るが可能な場

所にすることに加えて、インテリアに合ったデザインにすることを目指した。この目標は、それぞれ異なる活動が楽しめる3つのユニットを作り、そのデザインを既存の家具に合わせることで達成した。特殊な形状のスペースを利用することで壁面と一体に見えるデザインにできた。ユニットのうちの2つには内階段があり、上下のユニットには整理棚があるほか、寝られるように縁に低い囲いのあるスペースも作った。キャットウォークのひとつには、面取りされた部分に睡眠のための場所がある。

また、既存の棚やテレビの上に登ることができないようにする必要もあった。そのため、カットした2個の木製三角ブロックを壁と同じ色で塗り、2本の小さな四角い棚の上に置いた。これで、猫は遊具から四角い棚の上に進めない。

この事例を構想する上でポイントとなったのは、猫たちが高所に登るのが好きだということと、室内のインテリアや家具に調和したものにするということだった。見取り図を描き、模型をいくつか作って、これから作ろうとしているアイテムが機能的に使えるものであるかどうかを確認した。色は、猫の色と部屋に使われている色に合わせた。2匹のうちの1匹（ミーシャ）は食器棚の上に登るのが好きなので、高所のキャットウォークを気に入ることも予想できた。猫たちが遊ぶ様子を見ていたので、この手のものを気に入ることを確信していた。ベンガルは遊ぶのが大好きで、多くの刺激を欲しがる。遊具を使いこなしてもらうことで、猫にとって頭の体操にもなり、適度な運動ができるようなものを設計したかった。猫たちは活発で、遊び好きで、何より家族の一員だ。だから自分自身の場所が必要なのだ。今では2匹とも、それぞれお気に入りの睡眠場所があり、ミーシャは予想通り、キャットウォークをぶらつくのが大好きになった。

材料と費用

このキャットリフォームは、ホームセンターで購入した簡単な材料（合板、2×4材、カーペット）で作った。総費用は、325ドルほど。

ライアンのひと言

まずは、設計するために部屋の写真を撮った。その写真を使って、パソコンでコンセプトデザインを描いた。次に、3つのユニットの模型を作り、猫が内部のステップを登れるかどうかを確認した。模型を参考にしながら、すべての木材を切り取り、2本のキャットウォークを作った。釘と接着剤でパーツをつないでから、カーペットでくるみ、部材全体を壁に取り付けた。最も厄介だったのは、カーペットの取り付け作業だ。というのも、ユニットの内側に入れるのが難しかったからだ。

［実物大で作った模型］

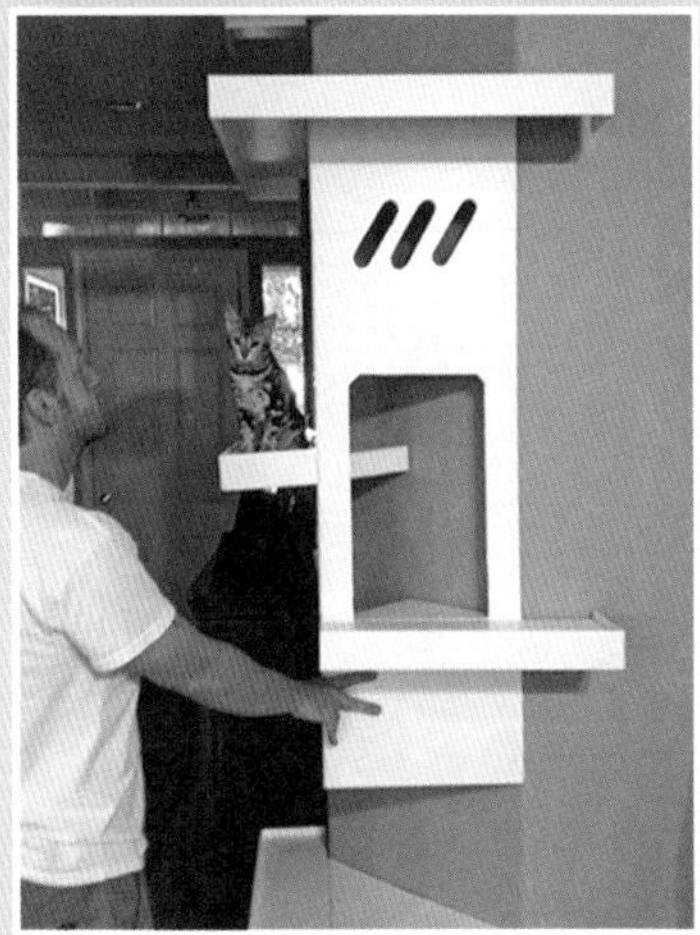

何よりもまず、洗練されたデザインに驚かされるが、気に入ったのは複数車線のコーナーの部分だ。最上段の車線が下って別の車線につながり、さらに下がってまた別の車線につながっているところがいい。コーナーのキャットリフォームはちょっと危険を孕んでいる。特にあの高さでは、2匹の猫が角で正面衝突したら危ない。このデザインはまさしくこの問題に対応している。一方の車線が下がっているので、2匹の猫が鉢合わせしそうになったときの代替車線として使えるし、床を含めれば、このコーナーには7つも車線がある。

もちろん、次の段階では、キャットウォークが拡張されることになると思うが、結局、コーナーのように重要な部分から始めれば、発展する可能性が数多く生まれる。このコーナーはすべ

ての機能が発する中枢部分であり、この作品が拡張可能であるのもこのコーナーのおかげなのだ。

完成作品は現代美術のようで、インテリアによくマッチしていると思う。明らかに、このキャットリフォームには専門的知識が少々要るし、ライアンが優れた木工技術の持ち主であることも間違いないけど、個人の技術レベルがどうであれ、彼がデザインを計画する方法は見習うべきよ。

何よりもすばらしいのは、実物を作り始める前に、実物大の模型を作って、すべてを検証しているところ。余分に時間はかかるけれど、実物を作り始める前にデザインを見直し、問題点を修正できるのだから、やる価値は絶対ある。ウッドステイン（木材着色剤）を使ったり、階段に塗料を塗ったりして、ちょっと色を付けてみることもできるわね。

Case 3

カシミール・ダーラ

「洗濯機島」からの脱出

ブレンダと愛猫のカシミールが、ディーンと愛猫ダーラの家に引っ越して来たとき、事態はみんなの期待通りにはすんなりと運ばなかった。ブレンダは承知していたが、カシミールには「意地悪なところ」があった。そのことはブレンダの傷だらけの両手を見てもわかる。新しい家に越してきて、カシミールの捕食者本能に火が付いた。ダーラはかわいそうに、さっそく彼女の標的になった。その上、ディーンの家は十分な広さがなかった。ひっきりなしに付け狙われていたダーラは、逃げ場をなくしていた。小さなアパートは行き止まりだらけで、カシミールはそこでダーラを待ち構え、逃げ道を塞ぎながら追い詰めるのだった。室内の猫動線もめちゃくちゃだった。カシミールがダーラに恐怖を与えていたのも、これが原因だった。ここでの課題

カシミールの標的になってしまったダーラ

捕食者本能に火がついたカシミール

は、動線を整理し、2匹の猫が平和に暮らせるようにすることだったが、これはかなりの難題だった。

ダーラが部屋に入って来たとき、私が最初に気づいたのは、彼女がすぐに上を見たということだった。戸棚の上など、部屋の高いところを見ていた。彼女の視線は完全に垂直の世界に向けられていた。ディーンによれば、本来は自信のあるツリー猫だということがわかった。この発見に心が躍ったが、その興奮も、ダーラの主な「安全地帯」が廊下の洗濯機の上だと知って醒めてしまった。そこは安全かもしれないが、家の社会的中心とは完全に切り離されている。「洗濯機島」に島流しされたままなら、ダーラは他人からはいつも見えないことになる。身体は地上にあっても、自信は地下室に潜ってしまっている。なんとかして彼女を引っ張り出し、全部が自分の所有物と思えるくらいに自信をふくらませてやる必要があった。

ダーラを隅に追い詰めるカシミール

その小さな空間を念入りに調べているうちに、都市計画の発想が役立つと気づいた。ダーラを島からリビングルームへ、さらに飼い主の寝室へと連れて行くようなキャットウォークを作らなければならない。寝室というのは、どの家でも、社会的に極めて重要なポイントだ（猫は飼い主の近くにいるのが好きだから）。この任務に関心を向けつつも、最終的な目標が、ダーラがこの家に溶け込めることであるのも忘れてはならなかった。

「キャットウォークが必要だ」と言うと、「猫には高所で暮らしてほしい」という意味に受け取られてしまうが、もちろんそうではない。ダーラには、まずは以前から一番くつろぎを感じていた高所で自信を獲得し、それから、あえてまた下に降りて、最終的には、いつか縄張りの真ん中でカシミールと向き合うことを望んでいたのだ。長期的視野に立てば、問題は渋滞エリアであり、衝突を避けるには、車線を増やし、トラフィックフローを改善する必要があった。いずれにせよ、大変な仕事であることには違いがなかった。

ブレンダとディーンのお宅に足を踏み入れたとき、何がどうなっているのか、状況がよくわからなかった。というのも、その空間は狭いうえに、家具を始めとするふたりの持ち物で埋め尽くされていたの。2つの世帯がひとつになると、ありがちなことね。すべてを収納するために部屋の隅々にも物が押し込まれつつあって、その結果、空間が閉じた印象になっていて、恐怖を感じるほどだった。動線に関しては、人間のであれ猫のであれ、考えが及ばなかったみたい。この混乱状態に少しでも秩序を与えるには、まずは重点的にキャットリフォームする場所をひとつ決めて、改善することが大切。

［ダーラのための脱出計画］

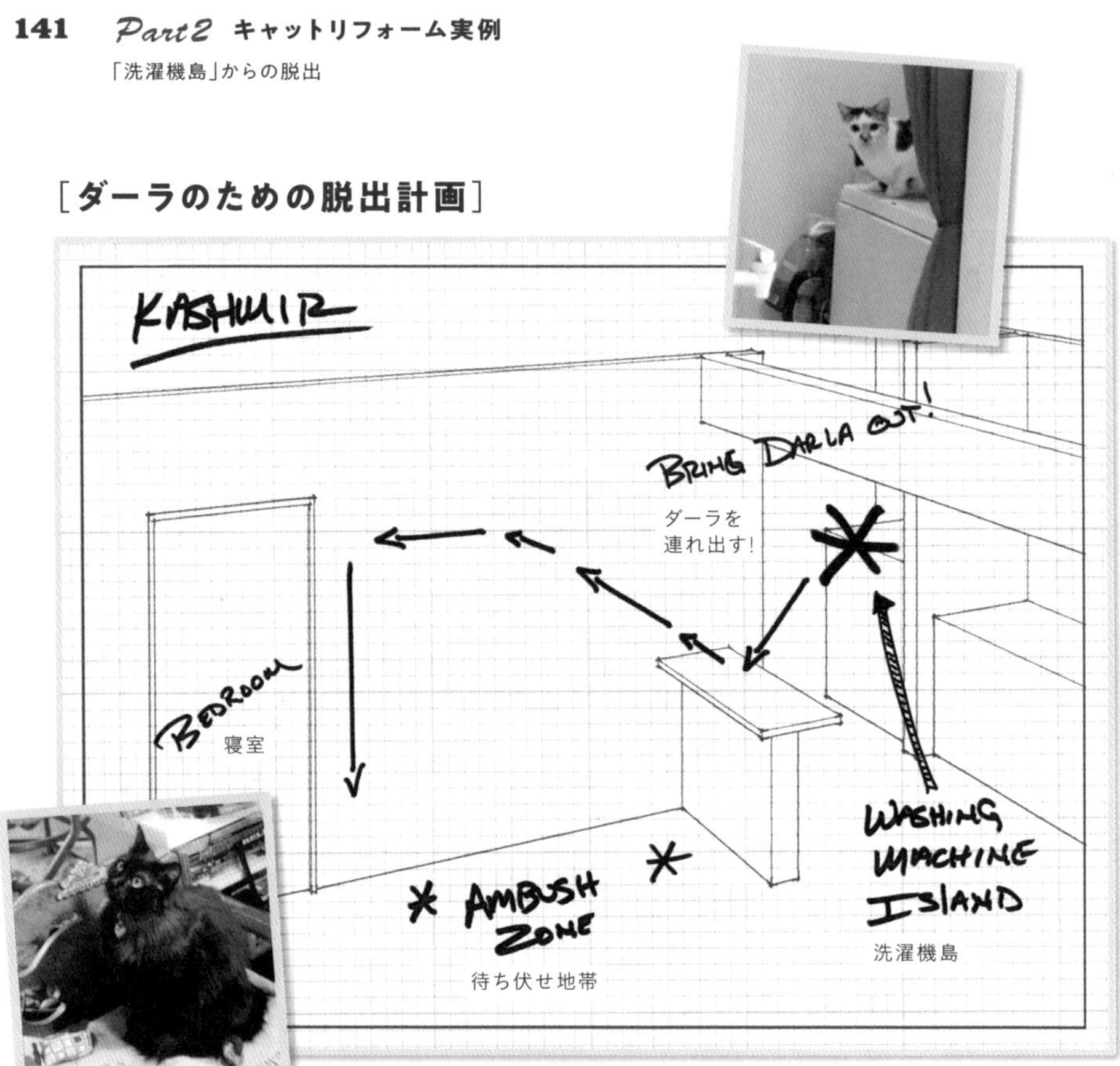

そこで、ダーラの縄張りを広げることにした。キッチンには、床から天井までのクライミングポール（サイザル麻のロープを巻いたもの）を設置した。こうすればダーラは安全にポールをよじ登って、段違いの渡り廊下にたどり着ける。キャットウォークはキッチンからダイニングにまで通じている。今では壁面の移動手段のすべてが彼女のもの。カーペットで上面を覆った棚板（渡り廊下）とチューブは、キャットタワーにつながっており、ツリーからはブレンダとディーンの寝室に直接行ける。シェルフとチューブの位置関係に注目してほしい。チューブは洞穴ではなく、トンネルだ（ダーラはトンネルの中にいることを選択することもできるが、そのすぐ隣に開放的な渡り廊下があるので、心の準備が整えば外に出る選択もできる）。また、散らかったものを整理し、サイドボードの上面をキャットウォークに組み込んだ。サイドボードの上面にはノンスリップマットを敷き、ダーラが空間の中間領域に降りて来やすいようにしてある。

［キャットリフォームした箇所］

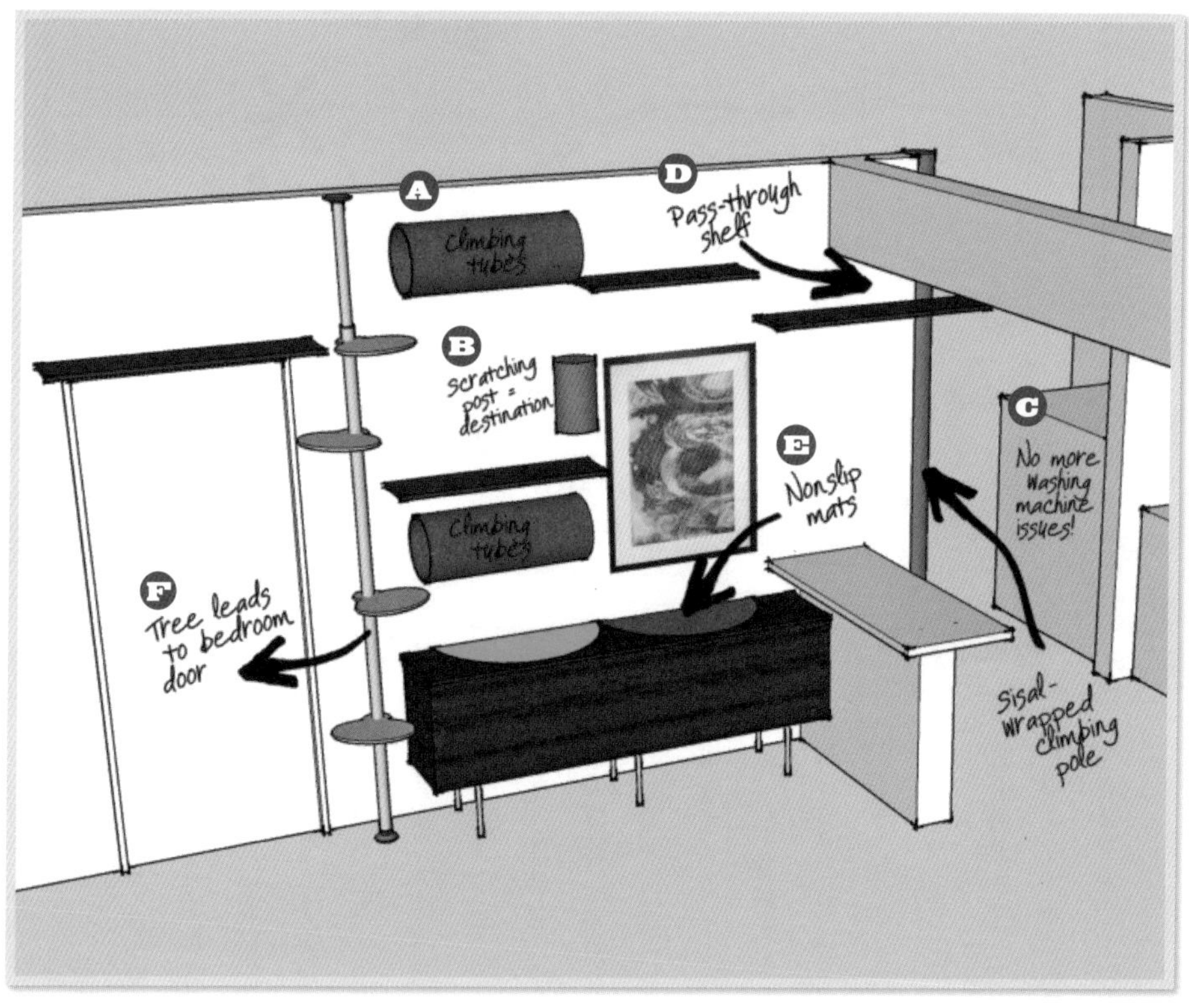

C サイザル麻のロープを巻いたクライミングポール

床から天井までのクライミングポール（サイザル麻のロープを巻いたもの）をキッチンに設置し、ダーラがキャットウォークに進入しやすいようにした。これで洗濯機島問題を解消！

B 爪とぎスポット＝目的地

ダーラのキャットをウォークには、壁掛け式のダンボールでできた爪とぎ器も用意した。休憩所（同時に、自分のニオイを残すポイント）としても利用できる。

A トンネル

吊り下げ式トンネルは、高所の隠れ家をダーラに提供する。これで、カシミールの邪悪な視線から逃れられる！

E ノンスリップマット

サイドボード上面を片付け、ノンスリップマットを敷いた。今ではキャットウォークの一部として上面は猫専用となっている。

F 突っ張り棒式タワー

突っ張り棒式タワーによって、キャットウォークに新たなランプウェイが加わった。タワーは寝室のドアに通じている

D 渡り廊下

車線を増やすために棚板を設置し、上面を滑り防止のためにカーペットで覆った。

Column

トンネル型の居場所

トンネルと洞穴の違いは何か？　洞穴は隠遁地――人目を避けて隠れるために、舞い戻る当てもなく旅立つ遠隔の地だ。それに対してトンネルは、人付き合いが可能な場所に位置する、安全な休息所だ。洞穴は人が常にいるわけではない、奥まった場所にある隠れ家であるのに対し、トンネルは生活動線の一部として馴染んだ、通り抜けられるベッドだ。

さらにトンネルは、変身を促す。トンネルは中にいる者に、隠れ場所から出て外の世界へ戻る一大決心の機会（と勇気）を与える。おびえた猫の自信を取り戻させたいなら、攻撃される可能性もある開かれた場所に出てくるよう促しながらも、安心感を得られる空間を用意しなければならない。トンネルは、安息と試練を両立させるのに不可欠なツールだ。ダーラにとってのトンネルは、車線であると同時に目的地でもある。通り抜けるか、留まるか、ダーラに選択権を与えることで、ダーラは、他人に急かされることなく、自分自身でより広い世界に出る決心をすることができる。

Jackson

完成したキャットウォークをダーラが駆け回っているのを見たとき、心から晴れやかな気分になった。猫の手を取り、すばらしい場所へと連れて行くことができたからさ。ポールを登って渡り廊下を歩き、最終的には苦労して床に降りてくる。ダーラのそんな姿を見るのは、実にすばらしいことだった。ダーラの偉業以外にも、このキャットリフォームには得ることが多かった。まず、カシミールは自分が所有する空間が増えた。その結果、彼女の怒りっぽい性格は改善され、攻撃性は劇的に低下した。限られた空間で何ができるのかをブレンダとディーンに示すという目標も達成できた。一部のエリアをキャットリフォームすることで、ふたりに全体で何ができるか、手本を示したわけだ。ブレンダとディーンの家のように、短時間ではすべてが解決しない家を去るときはいつも、現状に応急処置を施すだけではなく、猫の立場になって考えるための猫眼鏡を手渡したいものだが、今回はできたと思っている。

このキャットリフォームの最終結果が大好きよ。カラフルで楽しい。ブレンダの作品の一部もキャットウォークを取り付けた壁面に組み入れることができた。一度散らかったものをきれいにして、キッチンからリビングへつながる動線を確保する方法について考えてみたら、トンネルや渡り廊下といったユニークなものを思いつくことができたの。こうした要素こそがキャットウォークの幅を広げるのだと思う。それから、猫がキャットウォークを使っているのを見るのは楽しいもの。ブレンダとディーンが私たちの仕事に刺激を受け、引き続き家全体にキャットウォークを延長していくことを願っているわ。

渡り廊下でくつろぐダーラ。洗濯機島から脱出し、お気に入りの場所を見つけることができた。

洗濯機島から
キャットウォークへ。
自信を取り戻したダーラ

Kate's Tips

チューブを使ったトンネルの作り方

扱いやすく安価な材料を使用して、壁に掛ける隠れ家を作ってみよう。掛ける位置は、猫の好みに応じて、調節しよう。

ボイドチューブは、管径が20〜30㎝くらいのものが適当。猫の体型を考慮して中入ったまま楽に体の向きを変えられるサイズを選ぶこと。

材料&道具

- **厚紙製ボイドチューブ**
  (本来はコンクリートの型枠用だが、ほとんどのホームセンターで手に入る)
- **塗料または装飾用の布**
  (チューブの外側用)
- **縁飾り**
- **余ったカーペットまたはサイザル麻のロープ**
  (チューブの内側用)
- **キャンバス地またはナイロン製のストラップ**
  (壁掛け用)
- **壁面取り付け用金具**
  (ネジとワッシャー付き)
- **電動ドリルドライバー**
- **水準器**
- **グルーガン**

作り方

ボイドチューブを希望の長さに切り、外側に色を塗る。布を貼り付けてもよい。チューブの切断面が毛羽立ってしまった場合は、縁の周囲にグルーガンで飾りを貼り付ける。2、3本のストラップでチューブを巻き、重ねたストラップの両端を、ワッシャーを手前にかませてネジ止めして、壁に固定する(必要なら壁面取り付け用金具を使用する)。

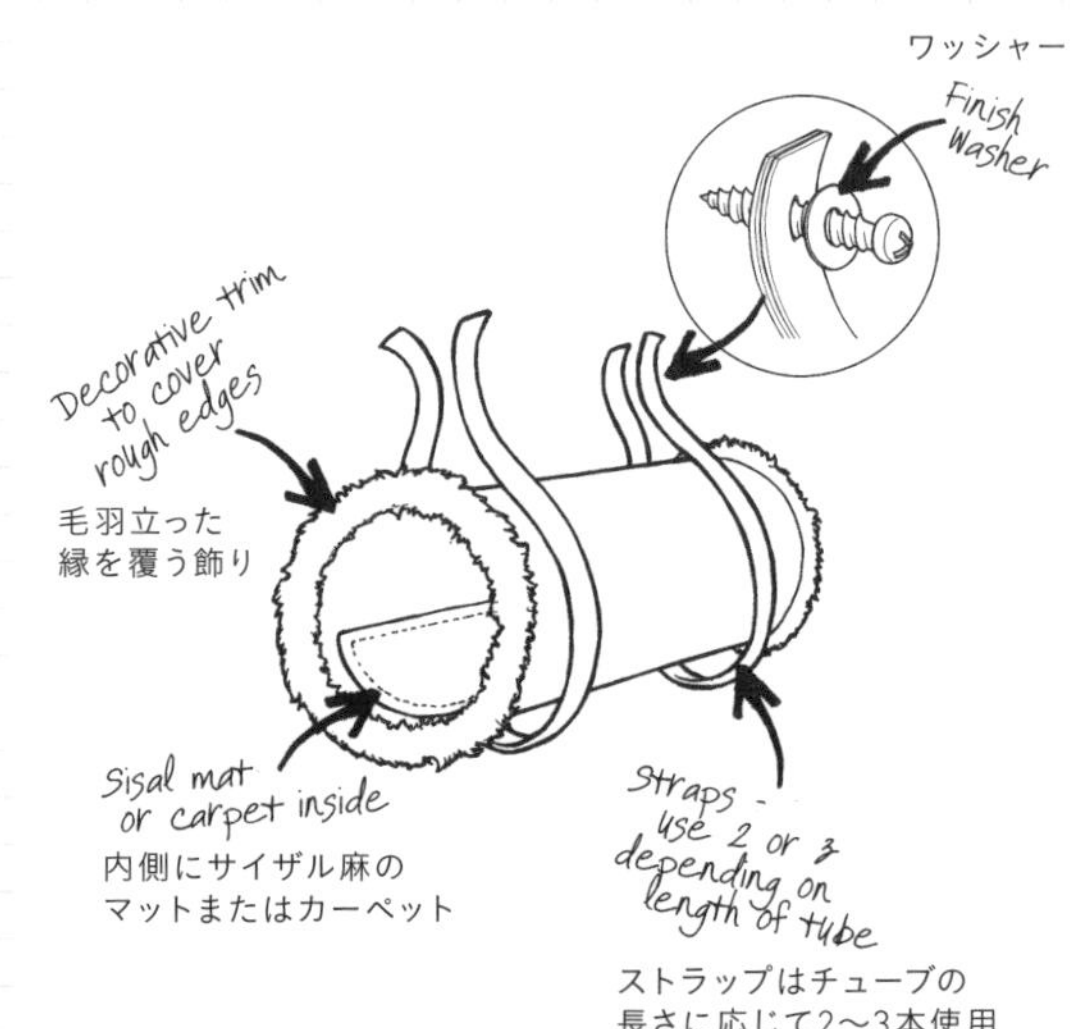

Catification Essentials 4

扉には猫が開けられない工夫を

戸棚の扉やタンスの引き出しを勝手に開けて潜り込んでしまうような好奇心の強い猫を飼っているなら、扉や引き出しにチャイルドロックを付けることを考えてみてはどうだろう。あるいは、もっと手軽に、強力なマグネットラッチを取り付ける手もある。猫が扉や引き出しを開けるのを防ぐ分には十分な接着力があるが、人間なら苦もなく開閉できる。

狭いところが好きだから
収納の中も人気の場所

投稿事例 8

窓際の見晴らし台

投稿者
シルビア&デイビッド・ジョナサン
［カリフォルニア州コスタメサ］

猫
ミッシー、ムース

シルビアとデイビッドによるすてきな事例を紹介する。ふたりは、猫が外の景色を楽しめるように、窓に見晴らし台を設置しようと思ったが、既製品には気に入ったものが見当たらなかったので自作した。ホームセンターで見つけた棚用の部材と棚受け金具を使い、上部にシンプルな猫ベッドを追加した。ベッドには、取り外して洗濯しやすいようにマジックテープが付いているが、猫が台に跳びのってもずれない。

棚受け金具の種類

キャットステップや見晴らし台は、簡単にカスタマイズできる。好みと予算に合わせて、ほぼ思い通りのものを作ることが可能だ。カスタマイズする際は、使用する棚

棚受け金具の
デザイン次第で
印象が変わる

受け金具の種類を検討しよう。既製の金具には、モダンなものからレトロなものまで、シンプルなものから装飾的なものまで、幅広いスタイルが揃っている。シルビアとデイビッドは、モダンに見えるように、シンプルな白の棚と目立たない金具を選んだ。金具には、プラスチック製、木製、金属製のものがある。近くのホームセンターの収納コーナーを覗いてみるか、ネットで「棚受け金具」を検索してみて、実際にどんなものがあるかを見ておこう。左に、何の飾りもないシンプルなものから凝った装飾が施されているものまで、いくつかの例を載せた。

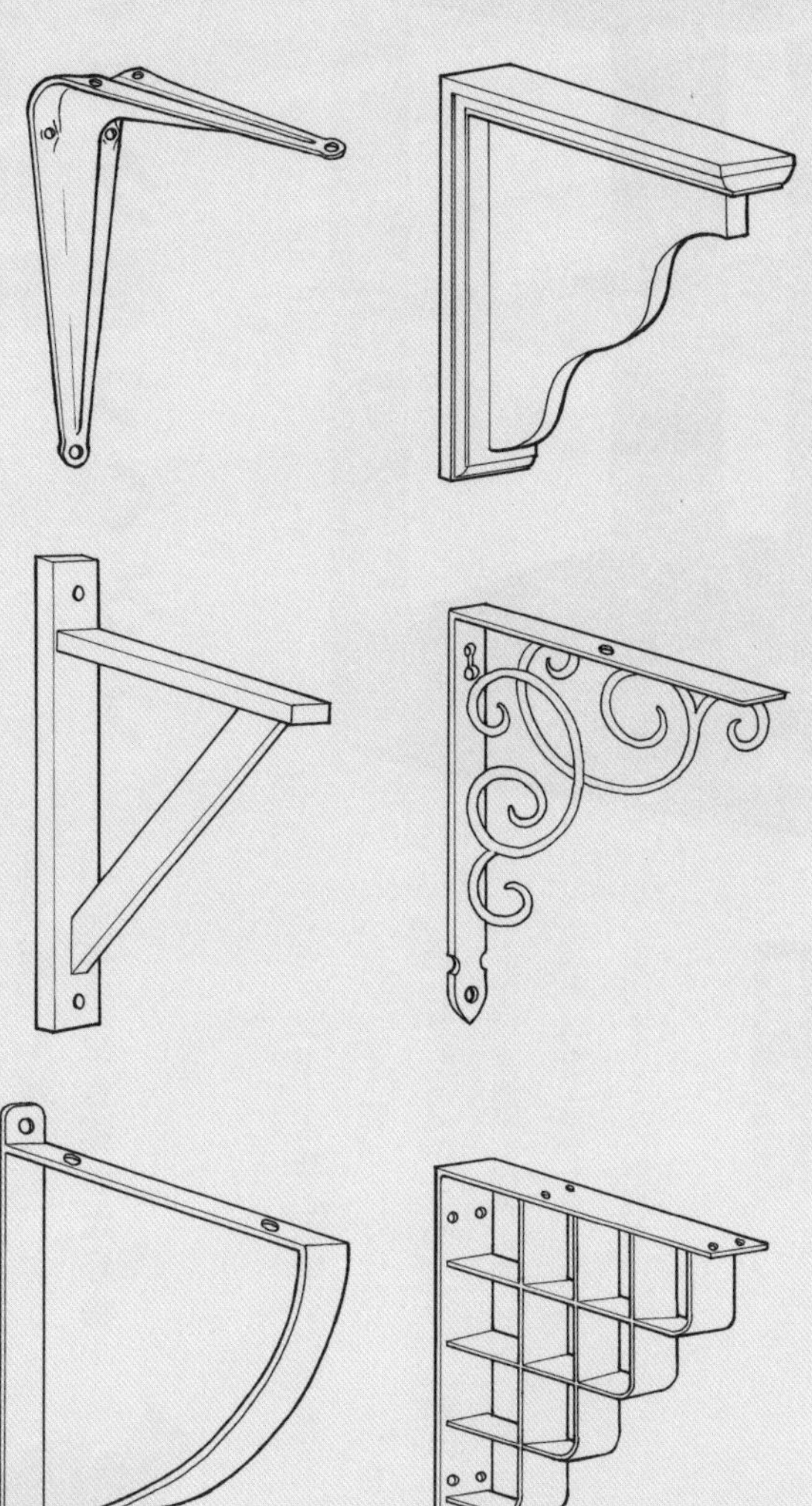

ダンボール箱ハンモックをつくろう

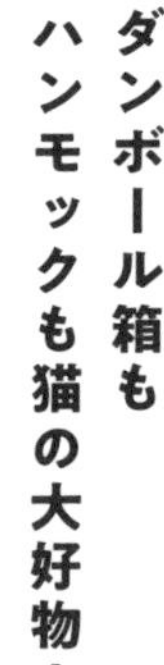

ダンボール箱もハンモックも猫の大好物！

ダンボール箱と心地いい快適なハンモック――猫が大好きなこの2つを組み合わせたのが、この段ボール箱ハンモックだ。簡単な道具と材料で、猫が自分の所有権を主張したくなるような楽しい居場所をすぐに作れる。

材料＆道具

- **ダンボール箱**
  高さ30〜35㎝幅・奥行き30〜45㎝以上のもの
- **グルーガンとグルースティック**
- **カッターナイフ**
- **はさみ**
- **フリース生地**

作り方

1 ダンボールの4つの側面を、端から8cm残してすべて切り取る。グルーガンを使ってダンボールの上面と底面に封をする。

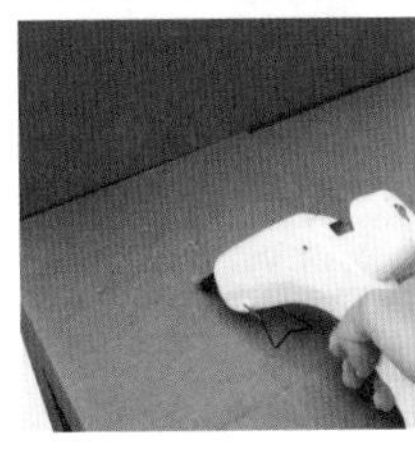

2 はさみの先端で、切り取らなかった縁の中心（上下・左右とも）にそれぞれ穴を開ける。

3 フリース生地を、ダンボール側面（幅・奥行き）のサイズよりも10cm余分に切る。例えば、ダンボールの幅と奥行きが45×45cmの場合、フリースを65×65cm（45＋10＋10＝65）に切る。フリースの各角に10cmの切れ目を入れる。

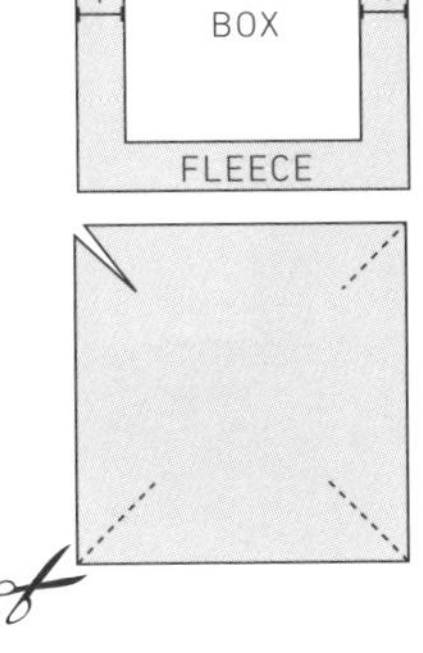

4 切れ目を入れたフリースの先端をそれぞれ縁の穴に通して結ぶ。

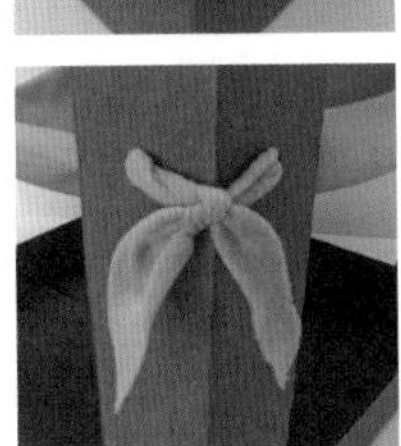

独自の工夫をしてみよう!

ハンモックの高さを調節したり、いろんなサイズのダンボールを試したり。あるいは、一番下に柔らかい毛布やカーペットを敷いて、重層的なくつろぎ空間にしてみたり!

マットなどが
敷いてあると安全

Column

安全対策

既に使ったダンボール箱を再利用する場合は、猫が飲み込んだり、触ったりすると危険があるものを必ず取り除くこと。

はがれたラベルの角

はがれた厚紙

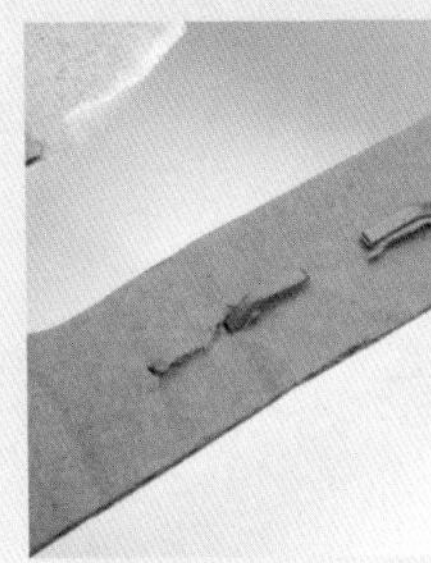

ホッチキスの針

切れたビニール封筒の端

ガムテープ

投稿事例 9

テーブル脚の爪とぎスポット

投稿者
ルシオ・カストロ
［ニューヨーク市ブルックリン］

猫
バイオレット、クレオ、アメリカ

猫たちに爪とぎスポットを作ってあげたいと思ったときに、注意すべきだと考えていたことが2つある。

1 猫たちは不安定な爪とぎが嫌い。

2 爪をとぎながら体をのばせるように、十分に高さのあるものが必要。

見た目が本物の木に近いものであれば、なおよい。ニューヨーク住まいのため、スペースに余裕がない（それから「いかにも猫用」の商品は外見があまり好きではないし、かさばる）ので、部屋にあった木製テーブルの脚を1本、サイザル麻のロープで巻くことにした。

猫たちはすぐに気に入ってくれた。ほとんど費用もかからず、見た目も悪くない。余分なスペースも取らずにすんだ。

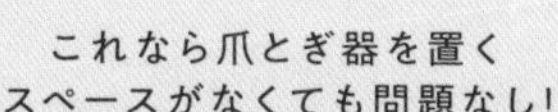

材料と費用

サイザル麻のロープ、釘数本、かなづち。10ドル未満。

ルシオのひと言

日曜大工(DIY)の経験がまったくなかったので、できる限り簡単で手軽なものにした。私がしたことといえば、木のテーブル脚にサイザル麻のロープを巻き付け、ずれないように裏側にかなづちで釘を数本打っただけだ。

結果

猫たちはみな、すぐに気に入ってくれた。今でも飽きずに使ってくれている。

Jackson

これは実にいいね。まずは、費用が10ドルもしない。これなら誰でも払えるだろう。次に、ルシオはDIYの経験がなかった。つまり、誰でもできるということだ。さらに、ルシオは猫の視点に立って考えた。すばらしい!

ルシオにならって、猫の視点からキャットリフォームを検討してみよう。ルシオは、猫が爪をとぎながらストレッチするのが好きで、グラグラする爪とぎ器が嫌いだということに気づいていた。ありきたりの猫用品が好きではない彼は、その代わりに利用できそうなものがないかと家の中を探し回って、猫の気に入るものを見つけ出した。

できれば天然素材のものをとルシオが考えていたことも、猫にとってまたとない幸運だった。ぜひともルシオを見習って、まずは猫の視点からキャットリフォームを考えてほしい。猫が望んでいることを考えるのが先で、それが実現可能かどうかを考えるのはその後だ。逆じゃない。

このキャットリフォームのシンプルさには、びっくり！　ほんとにすばらしいわ。私も家中のものにサイザルロープを巻き付けたくなっちゃう。あらゆる可能性について考えることが大切ね！

ルシオは縄を固定するのにグルーガン（他のいくつかの実例で使用）を使わなかったけど、この場合はよい選択だったと思う。縄が擦り切れたときに、グルーガンで接着した場合よりも簡単に取り替えられるから。

彼は木のテーブル脚にロープを固定するのに釘を使った。ネジでもいいけど、タッカー（木工用ホッチキス）を使うのはやめた方がいいわ。針が抜けて、猫が飲み込んじゃう危険があるから。

キャットリフォームをしようと思ったら、
まず検討すべきことは、愛猫が何を望んでいるのか、ということ。
そうすれば、きっとうまくいく。

投稿事例 10

お手軽キャットステップ

投稿者
クリス、ミシェル・ジュリアス
[フロリダ州オーランド]

猫
ミトンズ、ブーツィー

クリスとミシェルは愛猫ミトンズとブーツィーのために、家具量販店で見つけた棚を使い、壁面を走る新たな動線を作り上げた。キャットウォークにつながる左側のキャットステップを見てほしい。実に簡単に行なえるキャットリフォームの見事な実例だ!

本棚をキャットステップに転用

既製の家具も発想次第で大変身！

シンプルな壁付けキャットステップを簡単に実現できる、既製のの棚の利用法を紹介する。モダンで見栄えも悪くない。元になるのは、家具量販店の壁掛け棚2組。棚を組み立てるとき、棚板をひとつおきに使って、左右が互い違いになるようにする。棚板が階段になるように、2組のユニットを図のように壁に配置する。こんなふうに壁に取り付けるだけで、棚板が猫が登るのにちょうどいい間隔になる。実にかんたん！

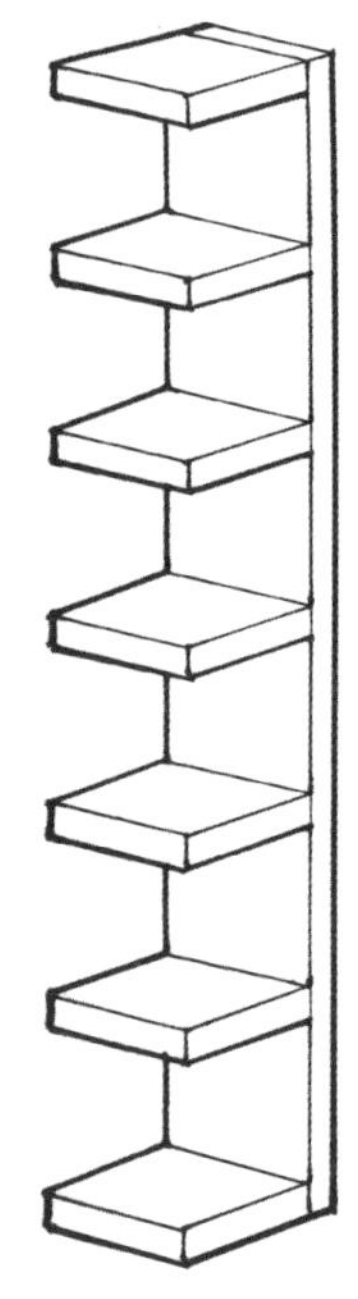

ふつうに
組み立てた場合

Column

キャットリフォームアンテナを立てておこう

猫のために作られているわけではない既製品を手にいれて、それを猫用のユニークでしゃれたものに作り変えられるかどうか。これは常に猫目線でものを見て、リフォームアンテナを立てているかどうかにかかっている。

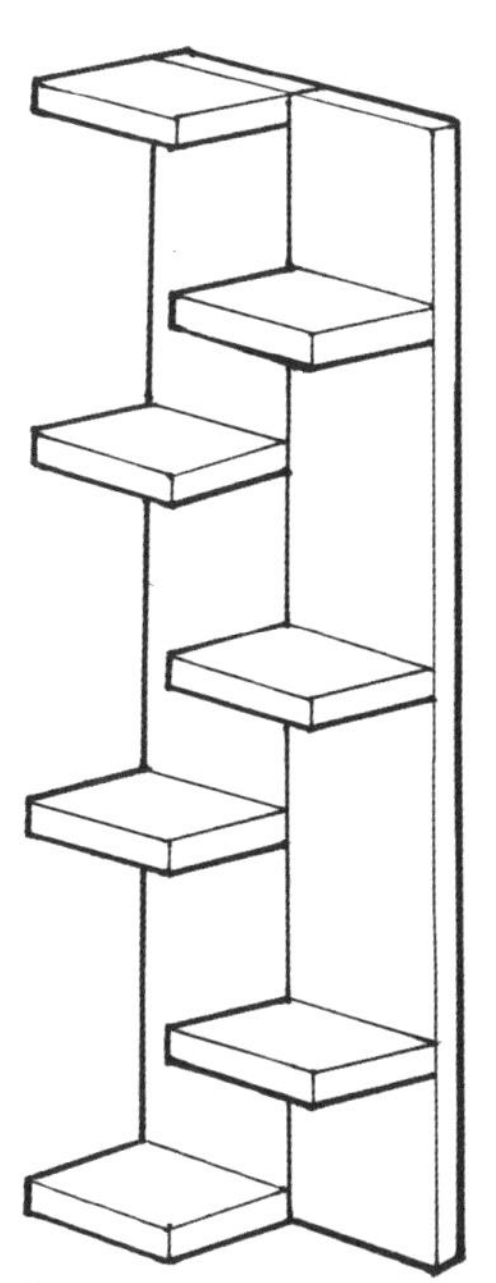

キャットステップの完成

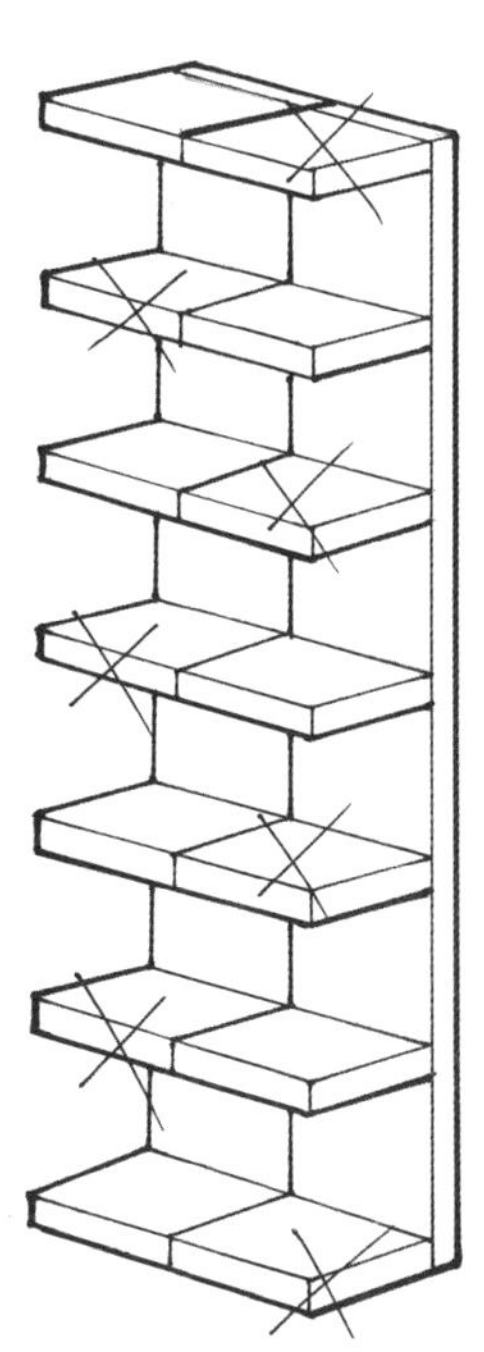

2組のユニットを左右に並べ、1つおきに棚を取り付ける

Case 4

リース

番猫に「素敵な居場所」を

サンディエゴにあるベスとジョージの家に入ろうとすれば、まずは玄関にいる愛猫リースを乗り越えなければならない。リースはモヒート猫とは対極の存在だった。オードブルの皿を手にして歓迎したりはしない。リースはきっぱり、不法侵入だぞ、と言うのだ。ベスとジョージの家を訪れた客の（全員ではないにしても）多くが、怖気づいてしまうか、場合によっては血だらけになってしまうのだった。リースは要するに、自分の家を守っていたのだ。訪問者に、誰がこの家の主であるかを確実に知らしめようとしていたのだ。ベスとジョージの家を自分が所有しているというリースの縄張り感覚は、明らかに常軌を逸していた。

リースは、すべての人の出入りがはっきり見えるように、玄関に面した出窓を監視場所にしていた。リースは、まるで動物園にいる檻の中の動物のように、そこを行ったり来たりしていた。玄関のドアが開くと、動物園の猛獣さながら、襲撃をかけた。さらに、ベスかジョージが監視場所を進入禁止区域にしようとすると、ふたりに容赦ない攻撃を加えた。

その上、ベスとジョージはともに、「猫ホリックの猫屋敷」を毛嫌っていた。具体的に言うと、どのようにしてキャットリフォームに取りかかるべきかを議論しようとすると、ベスは決まって、家中がピンク色の毛足の長いじゅうたんで敷き詰められている光景が思い浮かぶらしかった。そして、キャットリフォームをするケイトが猫のことだけを優先するあまり、自分たちの家をデザ

玄関を監視するリース

玄関付近をうろつくリース

カウンターから監視するリース

窓から監視するリース

インなどはそっちのけの猫屋敷に変えてしまうのではないかと考え、ものすごいパニックに陥ったほどだった。

私は途方に暮れていた。窓も玄関も信じられないほどどうしようもない位置にあったからだ。リースを別の場所へ誘導する余地がどこにもなかった。すべてが行き止まりだった。キッチンに至っては、まるで暗黒地帯。リースがそこから出たり、玄関の監視所から離れたりする方法はまったくなかった。使えるものはほとんどなかったが、リースが玄関に固執することなく、流動的でいられるようにすることが、リースが玄関付近の監視をやめて、もっと自分に自信をもてるようになる鍵だとわかっていた。

こう書くと簡単に聞こえるが、こ

の私でさえ、そんな状況はありえないと思い始めていた。だからこそケイトを呼んだのだ。私にはこれをどうしていいものかさっぱりわからなかった。

この家を前にして、キャットウォークが有効な解決策にならないことがわかったので、窓際に注目したの。リースにとって監視するよりも価値があると思えるものを見つけ出してあげるのが急務だった。リースが窓ですることといえば、うろうろ歩き回って、玄関にやってくるすべての人間を監視することだけだった。そして玄関に訪問者の姿が見えると、すぐさま臨戦態勢に入って攻撃を開始するの。リースの関心は「侵入者」にのみ向けられていて、自分の環境内にある他のものには何の好奇心も示さなかった。窓の外の鳥や虫は、眺めたり格闘したりするものではなく、単なる邪魔者だった。それから、家にはリビングにキャットタワーがひとつあるだけで、猫用品があまりないことにも気づいたの。リースはマーキングをして自分のものだと主張できる場所を必要としていたけど、その場所を与えるにしても、ベスとジョージも幸せになれるような方法で行なわなければならなかった。

リフォーム前の窓。リースが所有できるもの、気晴らしになるようなものが何もない（写真から窓と玄関の位置関係がわかる）。

この難題を決する鍵は、リースが窓辺にしゃがみ込んで玄関を監視するのを止めてもらうことにあった。ただ禁止するのではなく、監視以外の仕事をしているという感覚をもってもらわなけ

[リースのための動線計画]

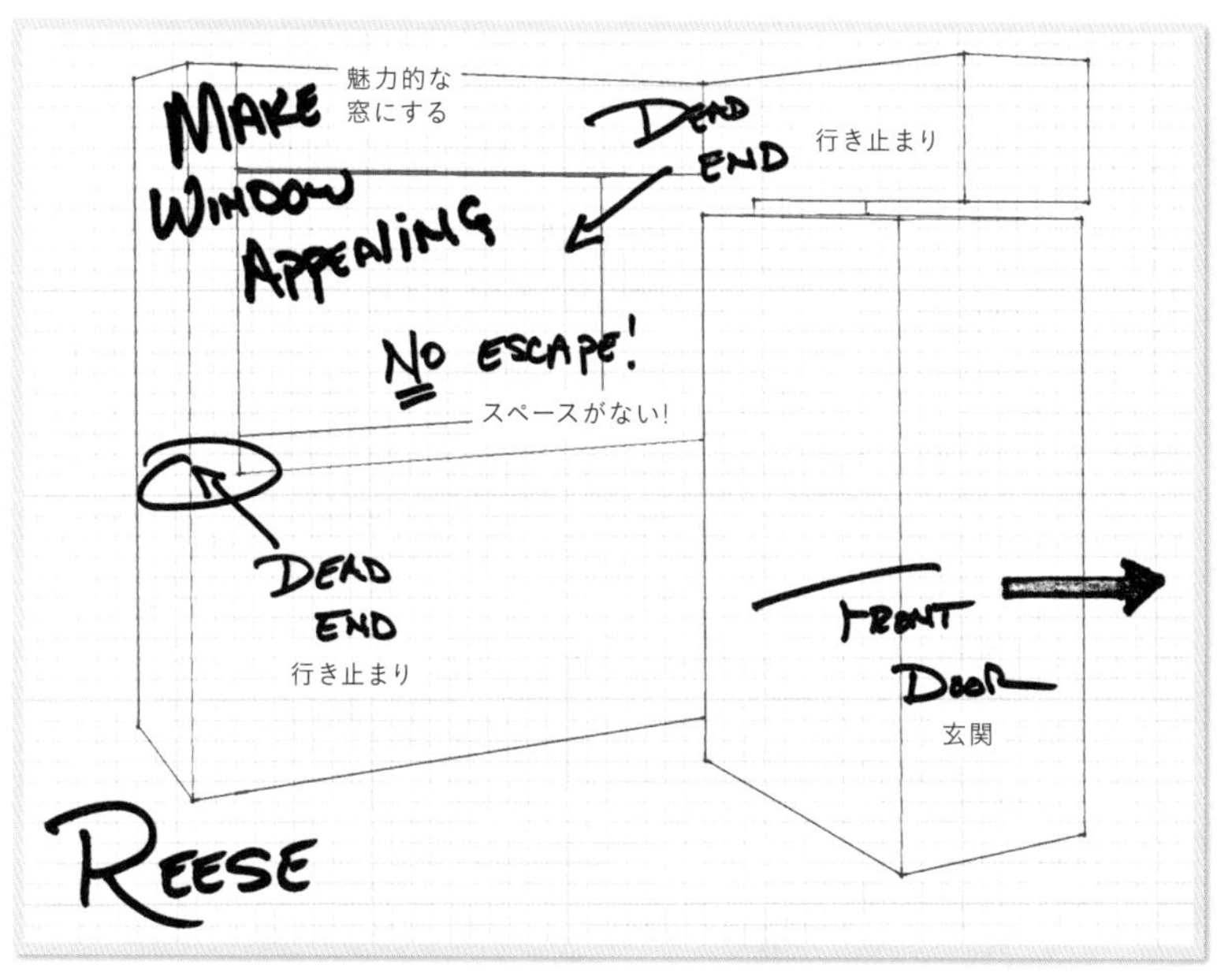

ればならない。そのためには、リースが惹きつけられるような遊び場を作り、そこを介した動線を考える必要があった。

具体的には、ニオイを付けられるものや楽しめるものを追加することになるが、それはリースに窓エリアの所有権を与えることが目的で、単に気分転換させるためではない。問題は、この場所に対する彼女の位置付けを、防衛の最前線から、とても楽しい遊び場に変えさせることにあった。そして、それは難しい課題だった。

[キャットリフォームした箇所]

窓際一帯には、リースがそのエリアを自分のものだと主張
できるように、さまざまなものを設置して雰囲気を変えた。

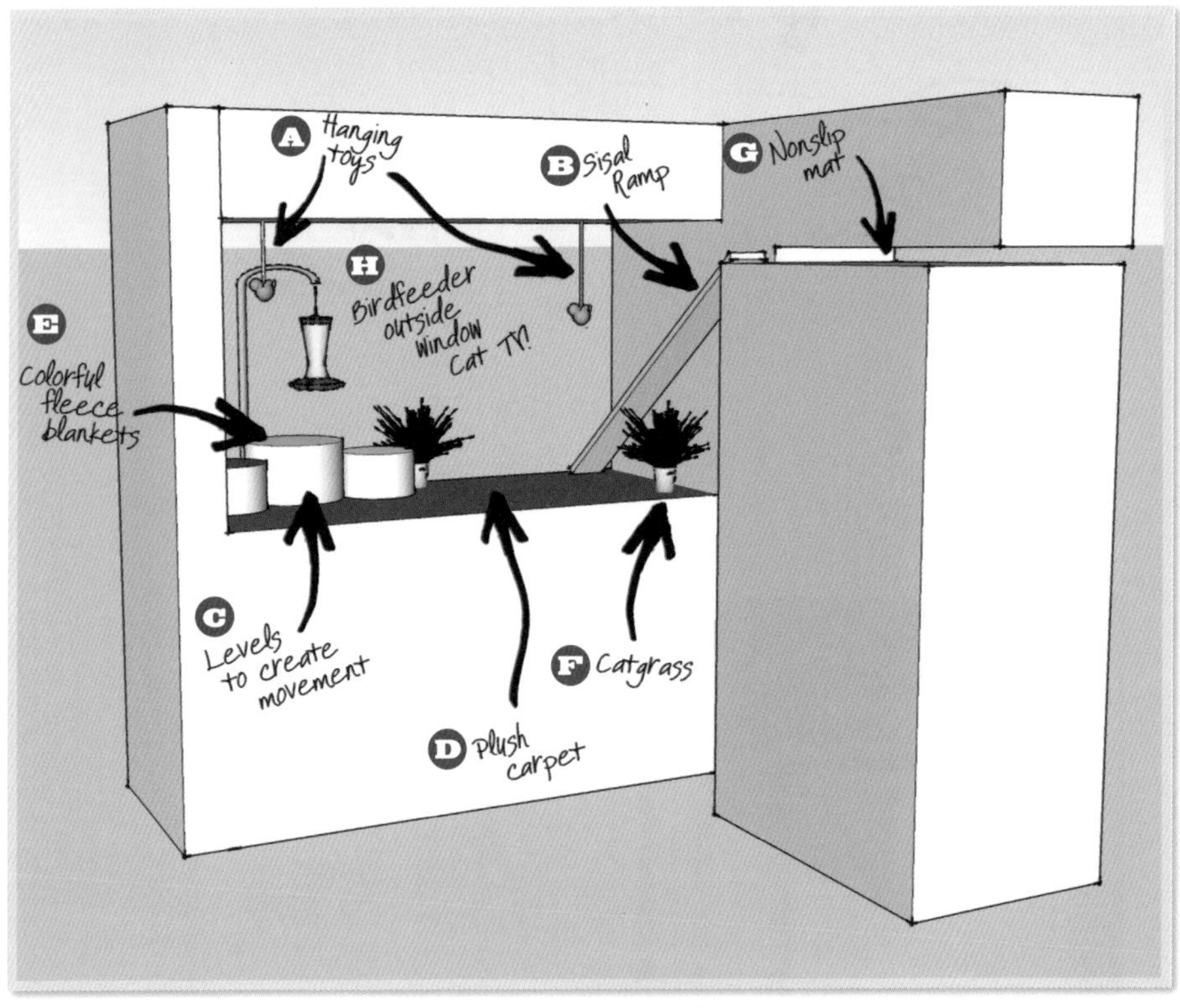

G ノンスリップマット

冷蔵庫の上に敷いて滑り止めにし、心地よい休息スポットになるようにした。

H 窓の外の小鳥用エサ台

窓のすぐ外に小鳥用エサ台を設置した。エサを目当てに集まる小鳥を眺めることが、猫にとって楽しみのひとつになる。

D カーペット

窓台に敷いた厚めのカーペットは、滑り止めにもなるし、ここにもニオイを付けられる。

E カラフルなフリース製毛布

丸い容器をいくつか逆さまに置いて段差を増やした。小さなスペースだが、高さがそれぞれ違うので、窓エリアに動きが生まれる。上面には、フリース毛布。ニオイを吸して残着してくれるアイテムとして使える。

F 猫草

食べることで、口寂しさが紛れ、気晴らしになる。

A ぶら下げ式おもちゃ

ぶら下げ式の小鳥のおもちゃは、動きがあるので、夢中になって遊べる。

B サイザル麻のロープを巻いたランプウェイ

窓から冷蔵庫の上に通じており、リースが空間を移動する新たな通路になる。このランプウェイは爪をといだり、ニオイを残したりするにも適しているので、リースがこの空間を所有する助けになる。

C さまざまな段差が動きを作り出す

冷蔵庫の上に敷いて滑り止めにし、心地よい休息スポットになるようにした。

2145

Column

猫テレビ

テレビの前に座っているとしよう。すると一瞬にして現実を離れ、心が躍る。興味を引かれるものを見つけ、日々の憂いを忘れ……そして、うとうとしてしまう。そう、人間がテレビを見ていて催眠状態に陥ることがあるのと同様、猫も窓の外の鳥や虫、水槽の中の魚を見て催眠状態に陥ることがある。しかし、猫の催眠状態はうとうとすることではない。集中することだ。

窓から獲物になりそうな生き物が見えると、ワイルド・キャットのエンジンがかかる。狩りの大きな要素は見つめることだ。体をふくらませたり、頭の中で猫チェスをしたり、取りうるすべての動きを考えたり、動きのパターンとそのスピードを判断したりもするが、襲い掛かる瞬間には、ひたすら獲物を見つめている。猫が窓から外を見ているとき――日常的に猫は昼寝よりも外を見ていることの方が多い――けっしてまどろんでいるわけではない。実際には、その正反対だ。生き物が動く様子を眺めることで、ワイルド・キャットの欲求を上手に満たしてあげられるのだ。ここでは、こうしたウォッチングスポットから見える、猫が喜ぶような景色のことを「猫テレビ」と呼ぶことにする。

部屋を見渡し、キャットリフォームのことを考えるなら、最初の計画は窓にすべきだ。まずは、愛猫の視点に立って、モジョに火を付けるようなものが窓の外にあるか、と自問してみよう。次いで、窓の外に、小鳥用エサ台や草花を置いて、鳥や虫を呼び寄せよう。同時に、窓自体にも見晴らし台やベッドを取り付けて、猫が気持ちいい状態で世界を眺められるようにするべきだ。

猫のいる家では、退屈が問題を引き起こす。猫テレビは退屈に対する最強の解決策なのだ。多頭飼いの場合はケンカの抑制にもなるし、1匹飼いの場合はひとりぼっちにされると起こしてしまう問題行動を抑えられる。猫テレビは、猫の仕事――狩る、捕まえる、殺す、食べる、毛づくろいをする、眠る――に対するはけ口の役目を果たすので、多くの問題を回避できる。

Jackson

結局のところ、このキャットリフォームの鍵は、共に暮らす人間にも受け入れられ、かつ猫のリースが見張り以外の他の活動に集中できるような工夫をすることにあった。それは骨の折れる仕事だった。リースは監視をとても価値の高い活動だと考えており、うろつくことを監視に結びつけていた。だから、リースを物理的にも心理的にも窓際に集中させることで、うろつくのをやめてもらっあた。これは、行き止まりをうまく利用した見事な例だ。その空間にリースを集中させるのがポイントだったのだ。

実際、リースの頭の中に入って、彼女の目には周囲（魅力のない窓や、ドアから入ってきてリースの縄張りを脅かす人間）がどのように見えているのかを視覚化する必要があった。いったんリースの視点を理解すると、彼女の空間をキャットリフォームし、エネルギーの向きを変えることが可能になった。

Kate

最終的には、なんとかうまくいったわね。リースは、新しくなった窓際をすぐに占拠し、新しい居場所では以前よりも確かに落ち着いたように見えた。猫草を好み、直立して、ぶら下がった小鳥のおもちゃと格闘しさえした（実に心躍る瞬間だった！）。窓廻りに居場所を作ったことで、窓を介して外の庭へと視線の動きを促すデザインを実現できたわ。

Catification Essentials 5

猫草を活用してみよう

家の周りに新鮮な猫草のプランターや植木鉢を置くだけで、安価で手軽なキャットリフォームになる。猫にとっては、消化を助けるおいしいおやつであるばかりでなく、野生状態を味わえる草地であり、自分が所有できるものでもある。

家の周りに転がっている空の容器に種を蒔けば、お金もほとんどかからない。種から育てるといっても別に難しくはない。園芸の才能などまったく不要だ。もちろん、園芸店やペットショップに行けば、栽培したものが売っている。

Kate's Tips

かんたんランプウェイの作り方

これは本当に簡単！　板材の端にドリルでロープの太さよりも少し大きめの穴を開ける。直径10㎜のロープ用に13㎜のドリルビットで穴を開けたら、ぴったりだった。穴にロープの一方の端を入れ、グルーガンでしっかり接着してから、板材にロープを巻き付けていく。巻き付けながら、グルーガンで接着する。板材のもう一方の端まできたら、そこにも穴を開けて、ロープを差し込み、グルーガンで接着する。

材料&道具

- 2×4材（他のサイズでもよい）
- 適当な太さのサイザル麻かマニラ麻のロープ（ここでは直径10㎜のものを使用）
- グルーガンとグルースティック
- 電動ドリル
- はさみかカッターナイフ

1

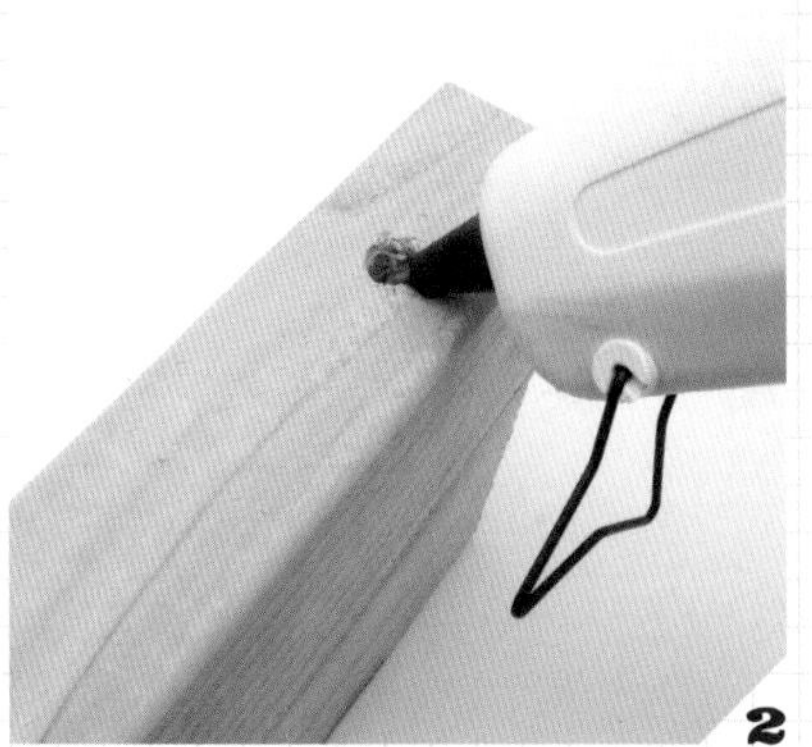
2

3

4

Point

カット位置にテープを巻く

ロープを切るときは、ロープにテープを巻いてから、はさみかカッターナイフで切る。そうすれば、ロープの切断面がほつれない。

裁縫要らずのかんたんフリース毛布の作り方

柔らかい毛布はニオイを吸着させるのに最適なだけでなく、洗濯機で簡単に洗えるし、家具を保護できるなどの利点もある。これを何枚も用意しておけば、汚れたら洗濯かごに入れて、きれいなものをいつでも出せる。

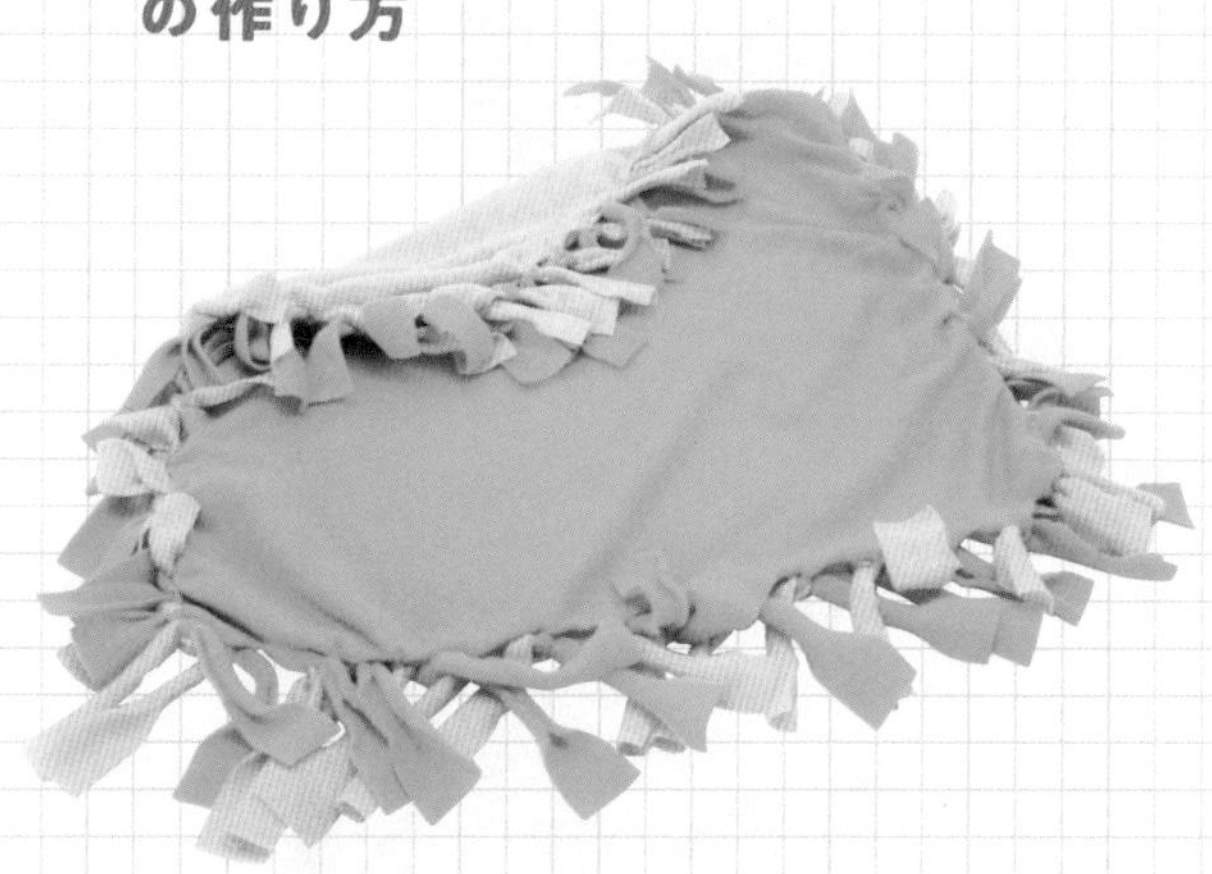

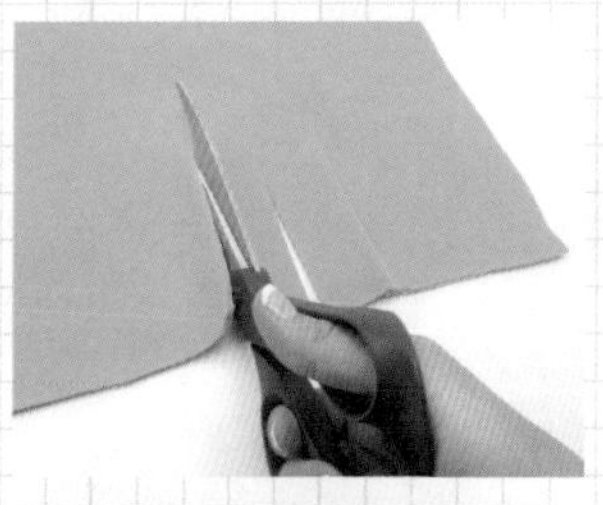

材料&道具

- **フリース生地**
- **はさみ**

フリースは縁がほつれないので、裁縫要らずの手軽さも魅力の素材。さらに、洗濯機や乾燥機にそのまま入れても問題ない。ほとんどの生地屋や手芸用品店で扱っており、色や柄も選り取りみどり。

かわいいフリース毛布を作るには、2枚のフリースを同じサイズに切る方法がおすすめだ（各辺には10㎝の余裕を持たせる）。例えば、最終的に40㎝四方の毛布を作りたければ、フリースを60㎝×60㎝（40＋10＋10＝60）にカットする。

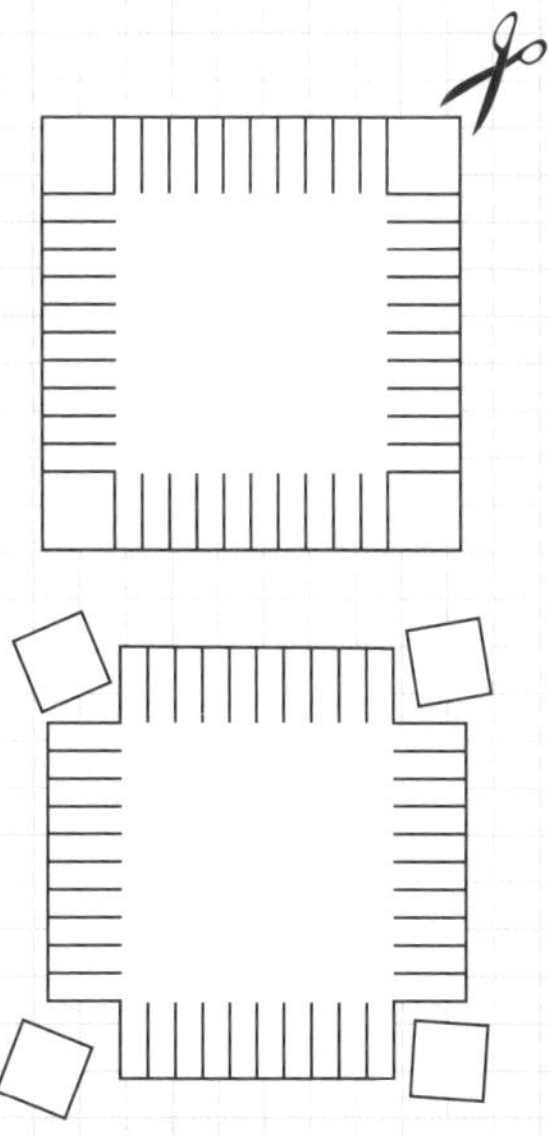

次に、図に示したように、縁から短冊状に幅2、3㎝、長さ10㎝ほどの切れ込みを入れる。角の部分は切り取り、2枚の各短冊部分をそれぞれ結ぶ。色や柄の違う2枚のフリースを使えば、リバーシブルの毛布になる。

リース用には、逆さにした丸い容器の上面にフィットするように円形の毛布を作った。容器を利用して2枚のフリースを円形に切り（周囲に10㎝の余裕を持たせる）、短冊状に切れ込みを入れ、それぞれを結んだ。これでサイズのに合ったものができる。

Kate's Tips

How to 7

ぶら下げ式おもちゃの作り方

ソース家の窓にはガラス天井があったので、その真ん中に、吸盤を使って、おもちゃをいくつかぶら下げることにした。店には希望にぴったり合ったものが見当たらなかったら、自作しよう。

ゴムロープの切断は、ライターかマッチで軽くあぶると、ほつれない。

材料&道具

- **大きめの吸盤**
- **市販の猫用おもちゃ**
- **伸縮性のあるロープ**
- **はさみ、針と糸**

作り方は簡単！　まず吸盤のフックは不要なので取り外しロープの一方の端を吸盤の先端部に巻き付けて結ぶ。次にロープを必要な長さに2、3㎝の余裕を持たせて切る。ロープの端に小さな結び目を作り、針と糸を使って、ロープをおもちゃに縫い合わせる。その際、結び目に糸を通して縫えば、しっかり安定する。

おもちゃは、市販のものでも自分で作ってみるのもあり。ここで使った鳥のおもちゃは、猫が叩くとチュンチュンさえずる仕掛けになっていて楽しい。

おまけのキャットリフォーム

他にも、ダイニングにキャットタワーを追加した。このタワーには、カーペットで覆った棚板を設けた。ここにもニオイを付けられるので、リースは自分の所有物だと感じることができる。リースはキッチンカウンターの上にいるのが好きなので、このタワーがカウンターへの別ルートにもなる。

ダイニングエリア

Before

After

さらにタワーからは玄関が見えるが、かなり離れているので、玄関に誰かが入ってきても、リースは待ち伏せ攻撃することなく、タワー上に座ってじっくり観察できる。念のため、タワー上部にもサイザル麻のロープを巻いた爪とぎスポットを設置し、そこでもマーキングができるようにした。

Column

補助輪

窓から冷蔵庫の上に通じるこのランプウェイは、「補助輪」の一例だ。補助輪とは、恒久設備として設置するのではなく、さまざまなキャットリフォーム要素を試したり、新しいことに挑戦させたりするのに、一時的に使えるアイテムのことだ。このランプウェイは簡単に取り外せるので、リースが使っていないときや、冷蔵庫の上から動かないのを見つけたときには、取り外して別の場所で試すことができる。他にも、猫が新しい棚の上に登れるようにするために、仮設ステップなどを補助輪として使用し、自力で飛び移れるようになったら取り外すという使い方もある。こうして環境を変えることによって、ワイルド・キャットにたえず新たな課題を与え続けることができる。自然界では、昨日はなかった場所に枝が落ち、猫の広大なチェス盤に新たな可能性を付け加える。補助輪のように新たな要素を追加し、猫がそれに飽きてしまう前に、別な場所に移動することが大切だ。

投稿事例 11

丸窓付き猫トンネル

投稿者
エリアーヌ・ガマ、マルチェッロ・ピスティッリサンパウロ［ブラジル］

猫
トレスモ、サルディーニャ、プディム、シッサ、スージー、スールー

建築家
モニカ・ミリオーニ・セメラロ

エリアーヌとマルチェッロは、6匹の愛猫に居場所を与えるために、このすばらしいL字型の猫トンネルを設置した。トンネルの両端をよく見ると扉が付いていて、閉めることができる。獣医の往診や非常の際に猫を捕まえる必要があることを考えれば、実に優れたアイデアだ。トンネルを塞げば猫は逃げられない。まったく名案だ！

丸窓付き猫トンネル

トンネルの丸窓から
見下ろす景色は最高!

すべての猫にお気に入りの居場所を

ジャクソンが出会った障害を持つ猫とその家族

ピップとレッドを助けるために、サンフランシスコに来ていたジャクソンが呼ばれた。ピップは小脳形成不全を抱えていた。そのせいで、ピップは身体が思うように動かせず、床を歩き回るのも一苦労。何かに登るとなるとまったく不可能だった。ピップは完全に床に縛られていたのだ。そんな状態にありながら、ピップはもう1匹の飼い猫レッドにケンカをふっかけていた。ピップのあまりの剣幕に、逃げたい一心でレッドが天窓から外に出てしまうほどだった。ピップに追い出されたレッドは、オークランドの街をさまようことになる。猫にとって外の世界は、ありとあらゆる危険が待ち受けている場所だ。2匹の猫同士の問題を解決するにも、キャットリフォームが重要な鍵を握っている。

小脳形成不全（CH）は、犬猫両方がかかる神経疾患だ。小脳（細かやな運動やバランス感覚を制御する脳の部分）が生まれつき未発達である場合に起こる。CHを抱える猫は歩行に支障をきたすことがある。足をリズムよく運んで歩行できず、頻繁に転ぶ。

私はすぐこの案件に興味をそそられた。なにしろ、ここでは意外にも、ほとんど立つこともできないピップがいじめる立場になっているのだ。それも、レッドが恐怖で逃げ出してしまうほどなのだ。レッドは必死でピップの邪魔にならないようにして、その結果、家の天窓から飛び出してしまうのだった。本来は、レッドは明らかにツリー猫で、ピップは階段さえ登ることができないブッシュ猫なのだ。これが2匹とも五体満足な猫なら、食べ物を使って2匹を別のドアに誘導して、それぞれの居場所に距離をもたせることで友好な関係を作りだしてから、2匹で楽しめる遊びなどを取り入れて2匹が適度にかかわれる環境を作れたことだろう。

しかし、このケースでは不可能だった。2匹の猫のうちの1匹が小脳形成不全という状況では、通常の対策はどれも施すことができなかった。ピップは攻撃的なだけでなく、非常にきまぐれだった。そして、障害を抱えている。レッドはピップがそばに寄って来なくても、存在を感じ取るだけですでにおびえている。レッドには、この床に縛られてしまった生き物の身体的特徴と行動を観察してもらうことで、理解してもらう必要があった。レッドは、おそらくこう自問していたのだ。「こちらにやってくるのは何者だ? 猫には見えない。猫のようには動いていない。あいつはいったい何者なんだ?」。私の仕事は、レッドが適度に離れてピップを観察できるような仕組みを作り上げることだった。(レッドへの具体的な対応策はP184へ)

ピップとレッドの飼い主の二人

床に種類の異なる生地を置き、ピップの気に入ったものをプレイマットにした。ラグにおもちゃを差し込んだところ、集中して遊び始めた。

Jackson

ピップに対する課題は、彼の自信を取り戻してもらうことだった。直感的に、ピップは失望を味わっているのだと思った。やりたいことができず、立ち上がって行きたい場所に行けない自らの不自由さに失望していたのだと思う。小脳形成不全については、猫のストレスレベルが増加するにつれて、体の震えも増加することが知られている。ピップは自ら事態を悪化させていたのだ。ピップの世界をキャットリフォームするなら、床を安心できる場所に変え、到達可能な目的地にすることが目標になる。

目標達成の方法として、ピップのプレイマットを用意することに決まった。これは、床に多種多様な生地を置いて、ピップがどれを気に入るかを見ていたときに、たまたま思いついた。ありとあらゆる種類のマットやラグを床に置いて、最も反応を示すのはどれかを調べる実験をした。ラグのひとつにたまたま大きなループパイルが付いていたので、そのループにおもちゃを差し込んでみたところ、驚いたことに、ピップはすぐに気に入った。おもちゃはループにしっかりはまっているので、あちこちに転がったり、遠くに行ってしまったりして、ピップを飽きさせることもない。動かないおもちゃで何時間も遊んでいる。こんなに集中しているピップはこれまで誰も見たことがなかった。まったく予想外の解決策ではあったが、まさに私たちが探していた結果を与えてくれた。

レッドのためのキャットウォーク（詳細は次のページで）

Jackson

　レッドには、床を離れて上下に移動でき、楽しめる動線を作ってやりたかった。そこで、レッドのキャットウォークを作ることにした。ピップは階段を上り下りできないが、レッドはできるので、ここをレッドのためのエリアにするのは理に適っていた。なにしろ、レッドはピップから逃れるために以前から階段を使っていたのだから。そこで、階段踊り場のコーナー部分の出隅に棚を設置し、そこを起点に動線を延ばした。レッドは、この棚からダイニングルームを通って壁まで行ける。一連の棚と壁付け式の猫階段を使って、キャットウォークを部屋の周囲にめぐらせ、玄関を終点にした。玄関には、レッドが座れるように見晴らし台を設置した。もうピップから逃れようとして玄関から飛び出さなくてもいい。

　レッドには自分用のキャットウォークを気に入ってほしかった。そうすれば、逃げる必

要も感じなくなるだろうし、安全な場所でピップを観察することもできる。
それから、ちょっとずつ床に近づいていくような選択肢も与えたかった。そうすれば、以前よりも近くからピップをチェックできる。そしていつかは、ピップといっしょに床にいても快適でいられる日がやって来る。そのために、床からの高さが異なる複数の動線を計画した。レッドのために道を開き、時間とともに降りて来られるような選択肢を用意したのだ。

Column

猫の変化に合わせて変化できるリフォームを

キャットリフォームする際は、猫のニーズの変化に対応できるように、環境面での準備を万全にしておこう。つまり、柔軟に変化できるリフォームを心がけることだ。経験、長期的成長、成熟にともなって、猫は日々少しずつ変わっていく。さまざまな経験を積んで知恵を付け、その知恵が、限界を押し広げ、羽を広げたいという欲求を生み出す。キャットリフォームの計画には、その欲求を計算に入れておくべきだ。

Jackson

ピップとレッドのケースは、信じられないほどうまくいった。今振り返っても、「常識にとらわれていては、こんなことは思いつかないな」と言いたくなる。正直なところ、できるとは思っていなかった変化をもたらすことができた。そして、この難題で決定的役割を果たしたのがキャットリフォームだった。レッドがゆったり座ってリラックスでき、状況を判断できる場所を高い場所に手に入れることで、2匹の猫にとってすべてがよい方向に変化した。ピップのラグによって、キャットリフォームが機能性を向上させるだけでなく、治癒効果ももたらすことがわかった。

Column

猫テレビを生かす秘訣

猫テレビによって猫は、狩りのなかでの忍び寄る行為に似た感覚を味わえる。心身共に満たしてあげるには、ただ見ることでは、実際に体を動かすことの代わりにはならない。猫が日中「テレビ」を見て過ごした後は、必ずいっしょに遊んであげること！

Catification Essentials 

テラリウム猫テレビ

猫テレビには窓を利用するだけでなく、レッドの例のように、飽きのこないテラリウムを作ってみてはどうだろう。レッドのためのテラリウムには、植物だけでなく蝶などの虫も入れたので、テラリウムに動きが加わり、より興味を引くものになった。容器は、猫が蓋を開けて中の生き物を捕まえてしまわないように、しっかりと蓋が固定できるものにすること。また、簡単にひっくり返ったりしないように頑丈なものを選び、テーブルの端から離れた安全な場所に置くこと。

投稿事例 12

リビングの周回コース

投稿者
ゲルダ&ホセ・ロボ
［アリゾナ州テンペ］

猫
リア、アーレイ、アルボリーナ、スタンレー、アイアモ、ディド、ザリア、シモーヌ、ダークマター、ルーシー、ヤニ

この家に引っ越してきた私たちは、できるだけ猫に優しい環境を作りたいと思った。うちの猫はほとんど全員が、私たちがどこにいようと近くに集まって来る。みんなが私たちの近くに座ろうとするので、たいてい互いの間隔が詰まり過ぎて、ケンカになることさえある。新居のリビングとダイニングには、天井から30㎝ほどの位置に陳列用の棚が部屋を取り囲むように作り付けられていた。手始めに、この既存の「天井棚」を使って、キャットウォークを設置することにした。

リビングはシンプルにしたかったので、壁にアートを飾ったり、本棚や飾り棚などを置いたりはしないことにした。猫が動くアートになるだろうと考えたのだ。

キャットウォークを作るにはどうすればいいのかよくわからなかったが、幸いケイトが親友で、手伝いに来てくれることになった。ケイトは、キャットウォークで猫同士が鉢合わせしない設計にしてくれた。ランプウェイを追加し、車線を増設することで、シンプルでケンカの起きない周回コースになった。

上から眺められて
快適だな

[キャットリフォームした箇所]

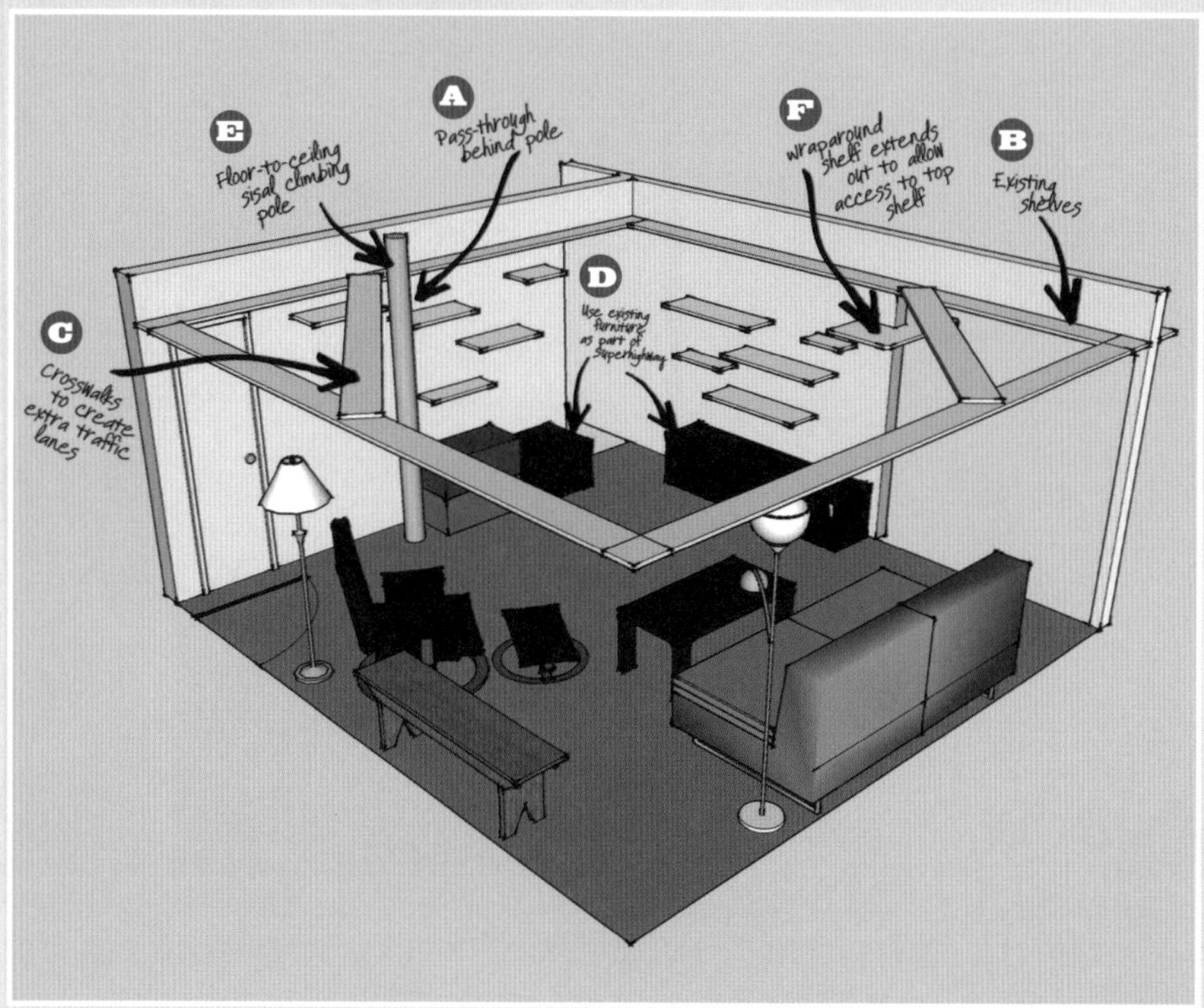

Kate

ゲルダとホセのキャットリフォームを手伝えてうれしいわ。なにしろ楽しいプロジェクトだったから！　お金がかからないように、前の家で使っていた棚をできるだけ再利用した。新しく追加したのは数点だけなの。それでも十分猫が満足してくれるキャットリフォームは可能よ。必ずやろうと思ったのは、ランプウェイをたくさん設置すること。なにしろこの家には猫が11匹もいて、交通量が多かったから。全部の猫がツリー猫というわけではなかったけど、キャットウォークを設置すれば、一部の猫が上に上がることになって、地上にいるブッシュ猫とビーチ猫のスペースが結果的に増えるでしょ。

A 壁とポールの間の通り抜けスペース

周回コースに上がれるように2面の壁にキャットステップを追加した。

B 既存の棚

部屋を取り巻く天井付近の既存棚はメインのキャットウォークとしてうってつけだった。

C 近道を作って車線を増設

猫が鉢合わせないように、長い板を部屋のコーナーの2箇所に渡して車線を増設した。

D 既存の家具をキャットウォークに組み込む

既存の家具をキャットウォークの一部として利用し、キャットステップにたどりつけるようにした。

E サイザル麻のロープを巻いた床から天井までのクライミングポール

床から天井までのクライミングポール（サイザル麻のロープを巻いたもの）は、キャットウォークへの別ルートになる。爪とぎする場所や、においを吸着してくれる場所としても利用できる。クライミングポールは壁から離して設置してあるので、ポールと壁の間には隙間があり、キャットステップでの移動の流れを妨げない。

F U字型の棚から天井付近の棚に移動できる

壁を挟み込むU字の棚を、キャットステップの最上段のさらに上に設置し、既存棚に登りやすくした。このU字型の棚はダイニングにもつながっている。ダイニング側には、別のランプウェイがあり、その部屋に作り付けてある天井付近の棚につながる。

ゲルダ&ホセのひと言

段階的に作っていったのがよかった。おかげで、猫に必要な棚板の間隔はどのくらいか、猫たちがうろうろしたり、立ち止まってくつろいだりするには、棚板をどこに設置すればいいのか、といったことがわかった。

結果

猫はすぐにキャットウォークの使い方を身につけた。甘えん坊の猫たちは、私たちの帰宅を察知すると、玄関に面した棚に跳び乗って待っている。玄関のドアを開けると、壁掛けのアートみたいにちょこんと座っている。とてもシャイで臆病なアルボリーナとアーレイは、今では多くの時間を他の猫たちといっしょに過ごしている。何かあっても、床からキャットステップを経て天井付近の棚へすばやく跳び上がり、みんなを見下ろせる一番高くて安全な場所に行けばいいのだから。おてんばなリアは、天井付近の棚をぐるぐる回るのが大好きで、部屋中を駆け巡っている。私を見ると、棚に駆け上がり、ぐるぐる走り始める。私も下から彼に合わせて走ってあげる。天井の「周回コース」で猫同士がふざけて追いかけっこしていることもあるけど、楽しんでいるだけ。もし誰かが本気になってしまっても、ランプウェイのどれかを通ってさっさと降りてくればいい。

私のお気に入りは、U字型の棚（P191Ⓕ）。壁伝いにダイニングルームに行ける。前から一度この形のものを作ってみたいと思っていたの。この例のようにドアがない開口部があるならおすすめよ。猫がキャットウォークを渡り歩いて別の部屋にひょいと出ていくのを見るのはとっても楽しいもの。作るのも本当に簡単よ。

ペタッと貼るだけ！爪とぎウォール

バリエーション豊富なタイルカーペットを使おう

キャットリフォームには、タイルカーペットを使うとうまくいく場面がたくさんある。この手軽な爪とぎウォールもその一例。設置したい場所に合わせてカーペットを切り、毒性のない接着剤で壁に貼り付けるだけだ。カーペットの柄と向きを上手に組み合わせれば、絶好の爪とぎスペースになるだけでなく、柄や色次第で空間のアクセントにもなる。

爪とぎクライミングポール

床から天井までをつなぐランプウェイ

これはかなり単純なアイテム。家具量販店で床と天井の間にぴったりフィットする伸縮式の支柱さえ手に入れれば、キャットリフォームが行なえる。高さを210〜330㎝の広範囲で調整できるものを使えば、クライミングポールを天井の高さに合わせて自由にカスタマイズできる。

まずは、この支柱を、設置したい場所に合わせてみる。それから支柱を降ろし、微調整をして固定する。支柱全体にロープを巻けば、クライミングと爪とぎを兼用できる。これでもう猫を遊ばせられる。これはどんなキャットウォークにも使える凡用性の高いアイテムだが、覚えておいてほしいのは、猫は、爪の方向のせいで、この手の支柱を登るのはお手の物だが、降りるのは難しいということ。つまり、この支柱は、オフランプ（退出路）ではなく、オンランプ（進入路）としてのみ考えるべきだ。しかし、優れた縄張りマーカーとしても使える。

ポールは進入路。
別の場所に退出路の設置を
忘れないこと！

Kate's Tips

クライミングポールの作り方

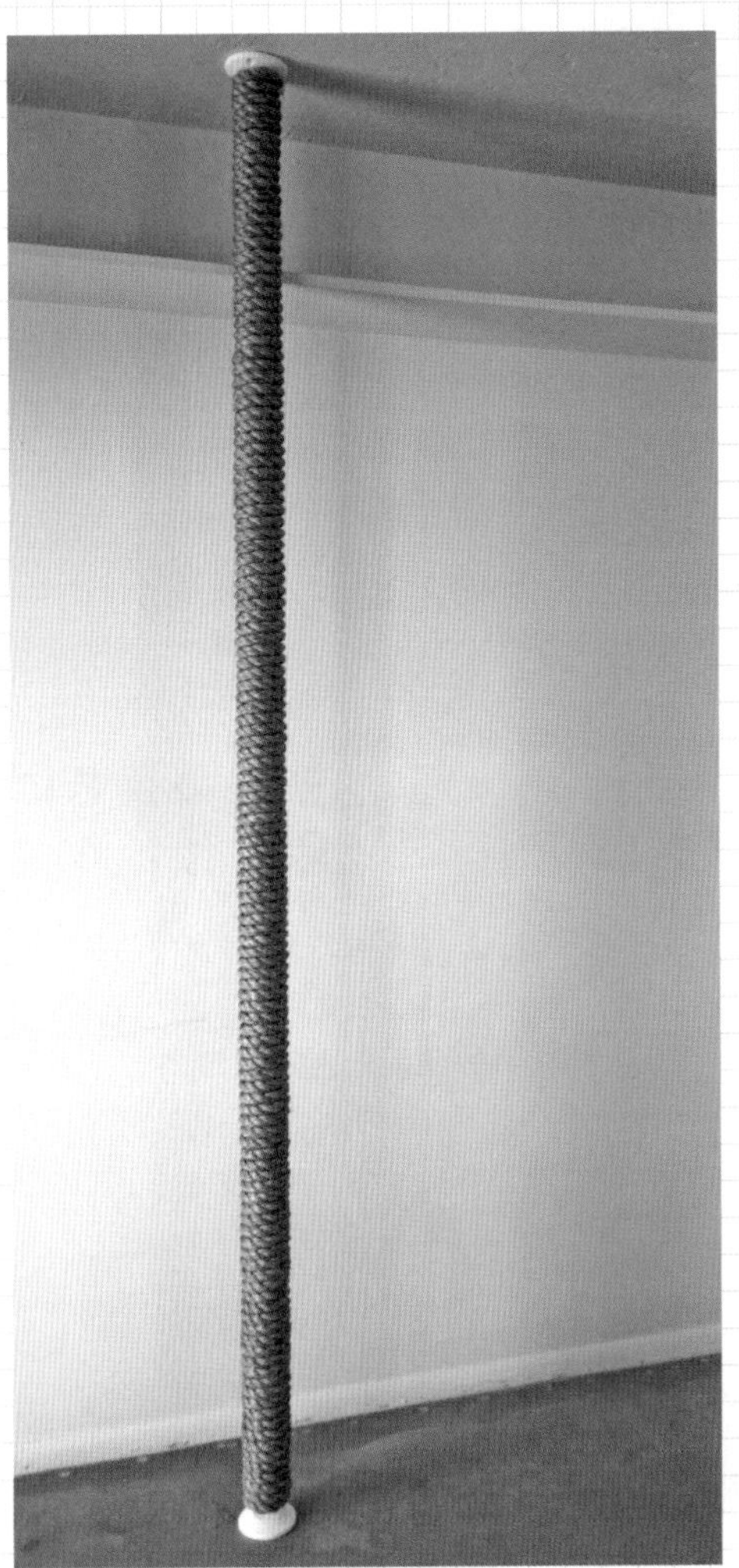

必要なロープの長さは、作成するクライミングポールの高さと使用するロープの太さによって違ってくる。例として、このプロジェクトでは、太20㎜のロープを約2.7mのポールに巻き付けた。使ったロープの長さは、約30〜40m。ロープが太いほど仕上がるクライミングポールも太くなり、安定してつかまれる広さが確保できるので、猫も登りやすくなる。

材料&道具

- 伸縮式の支柱
- サイザル麻またはマニラ麻のロープ（ここでは、ホームセンターで手に入る太さ20㎜のマニラ麻のロープを使用した）
- グルーガンとグルースティック
- 小ネジ
- 電気ドリルドライバー
- 鉛筆
- 水準器
- はさみかカッターナイフ

Kate's Tips

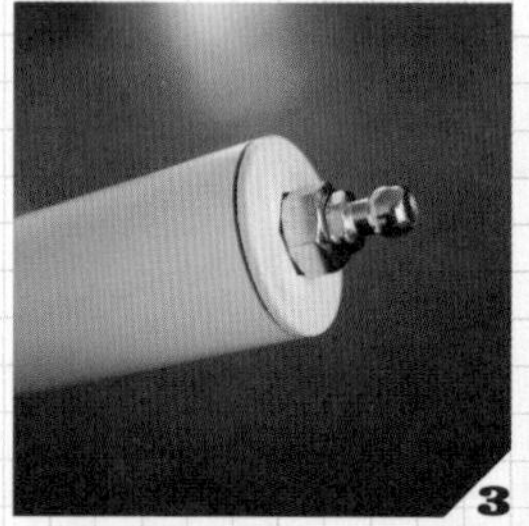

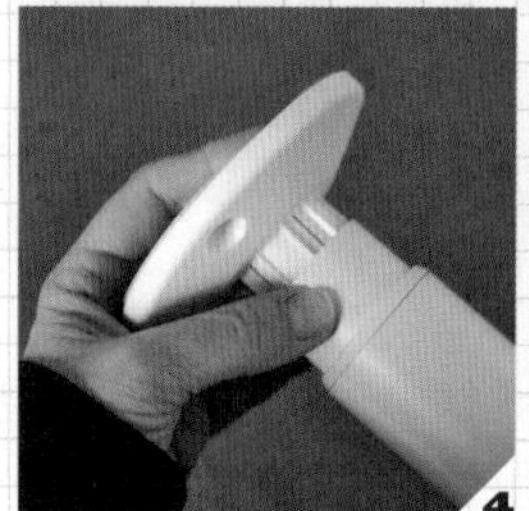

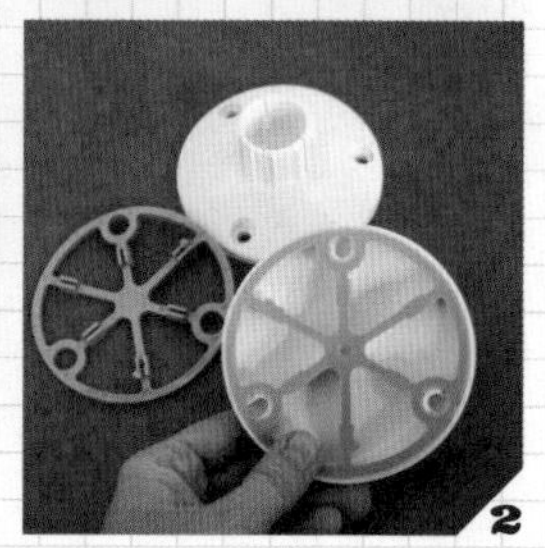

1 支柱を組み立てる

基本的には、支柱に取り付けられているボルトに大きなナットを取り付け、支柱の下端部にボルトをすべて差し込む。グレーのプラスチック部品を2個の白いプラスチック製エンドキャップに取り付け、上のエンドキャップを支柱の上面に差し込む。クライミングポールを設置したい場所の床に底部の部品を置く。

2 支柱の長さに印を付ける

ボルトの先端を底部部品に置き、支柱を設置場所に移動する。支柱を伸ばして、上端部品が天井にぴったり合うようにする。外側支柱の上端の位置で、内側支柱に鉛筆で印を付ける。

3 支柱を準備する

支柱を降ろし、グラグラしなくなるまで2つの部品をひねる。2でつけた印が外側の上端にあることを確認する。次に所定の場所に置いたときに、支柱をより頑丈にする。外側の支柱と内側の支柱の両方にドリルで目印の穴を開け、小さな止めネジを締めれば、2つの部分は回転しない。同じことを支柱の上端でも繰り返す。支柱と支柱にはめ込んだプラスチック製エンドキャップの一部にドリルで穴を開ける。こうすれば、支柱全体がエンドキャップ周辺でねじれない。

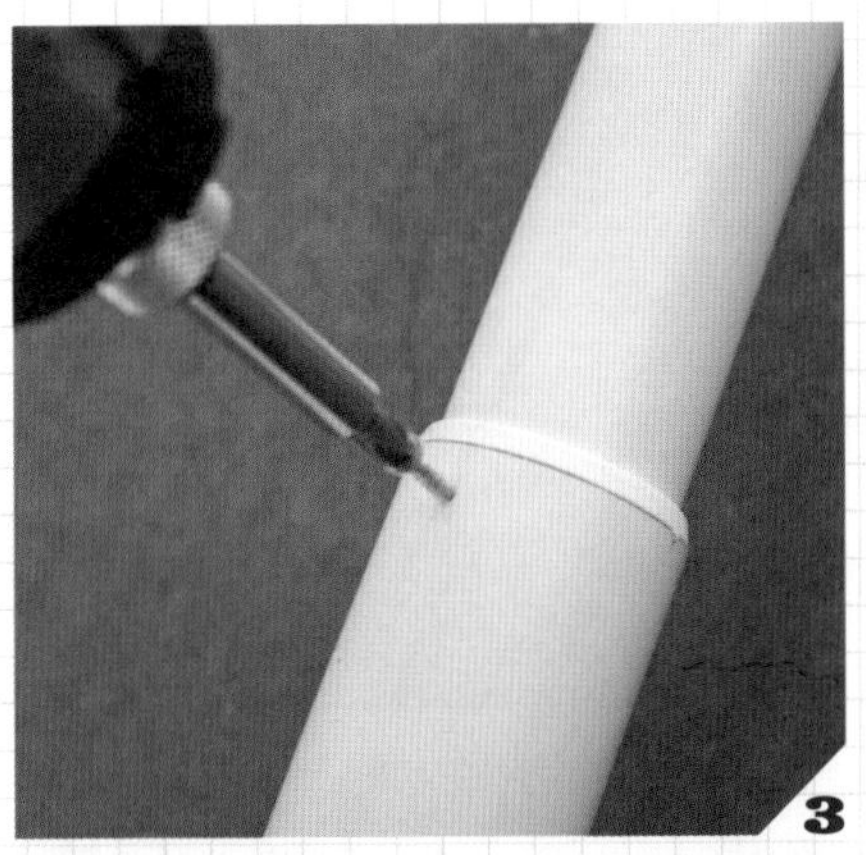

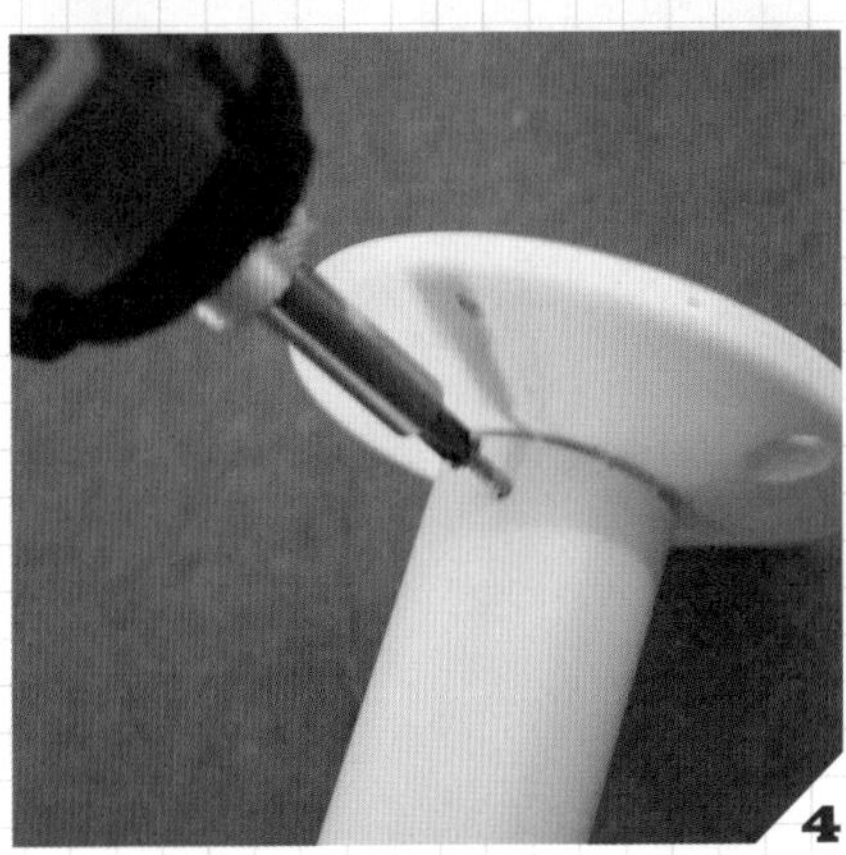

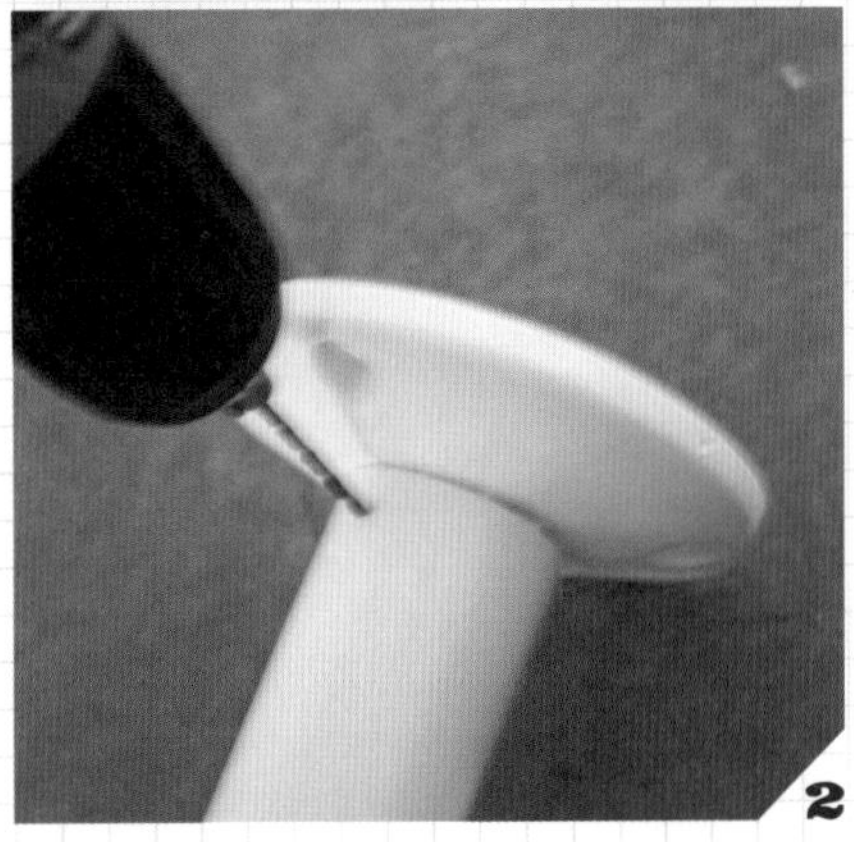

Kate's Tips

4 ロープを巻く

支柱の片方の端から開始し、グルーガンを使用してロープを接着する。支柱全体がロープで覆われるまで、グルーガンで接着しながらロープを支柱に巻いていく。巻いたロープの間に隙間ができないように、グルーを付けたら、ロープをしっかり引っぱること。端まで来たら、ロープをはさみかカッターナイフで切り、ロープの先端にグルーを少し塗って固定する。

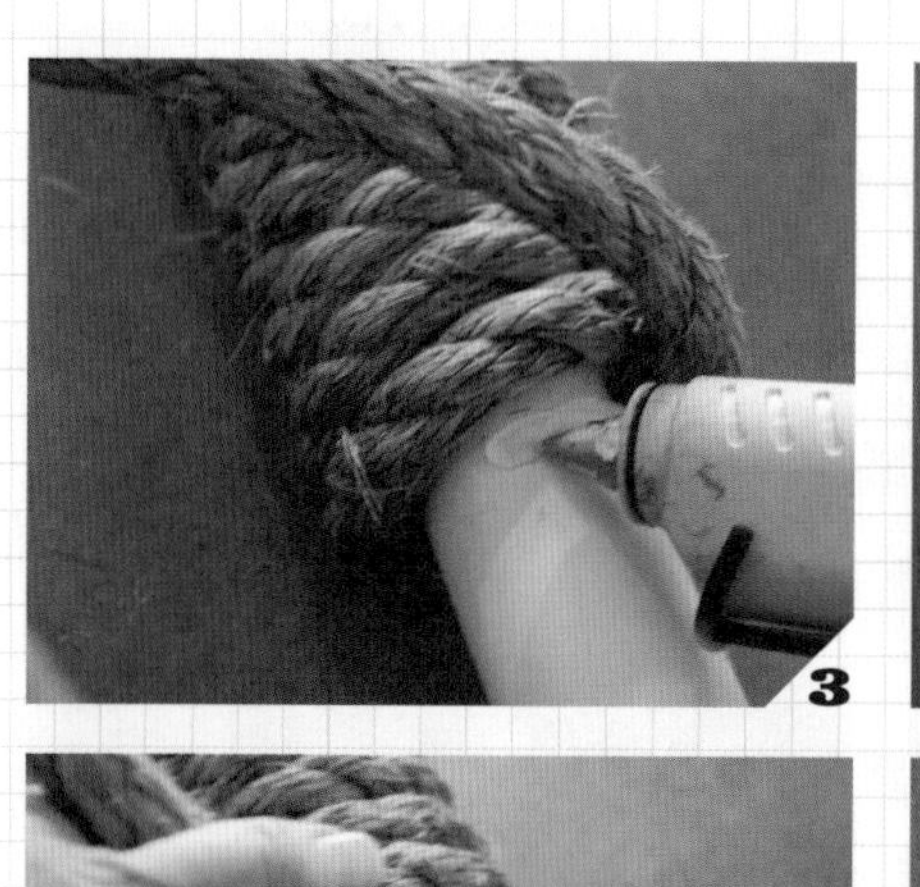

3

1

4

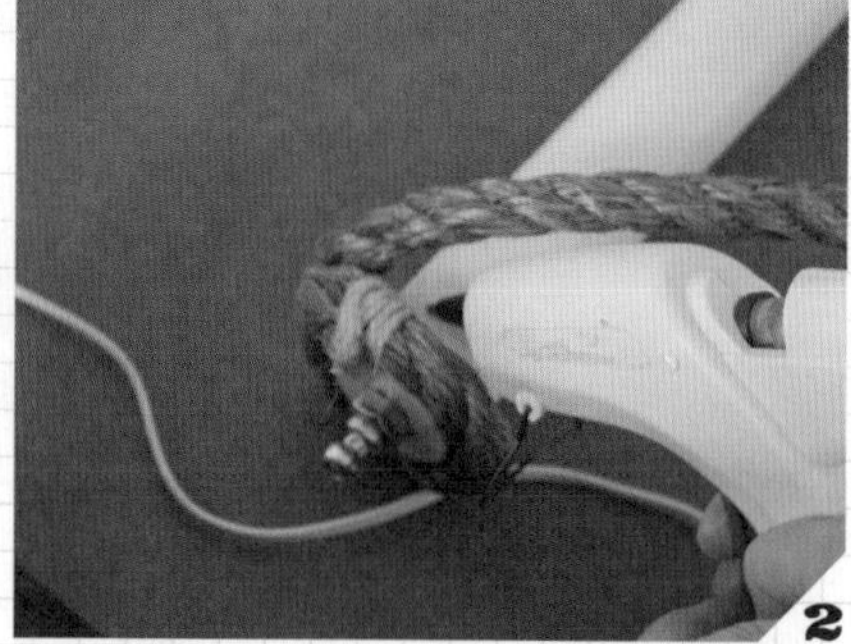

2

グルーはひと巻きごとに塗らなくても大丈夫。ただ、グルーを塗らないと、時間とともにロープが伸びてたるみ、見栄えの悪い隙間ができてしまう。そうならないように、グルーをまんべんなく塗ること！

1

2

5 最終設置

ロープを巻き終わった支柱を所定の位置に置き、四方から水準器を使って、完全に垂直であること確認する。支柱を適切な位置に配置したら、付属の組み立て説明書に従って、底部のボルトを調整し、床と天井の間に適度な張りを与える。こうすれば、支柱がずれない。ひとりが支柱を支え、もうひとりがボルトを調整するのがいい。最後に、可能であれば、天井部品の3つの穴から天井にネジ止めする。こうすれば、支柱が固定され、回転してしまうことがなくなる。

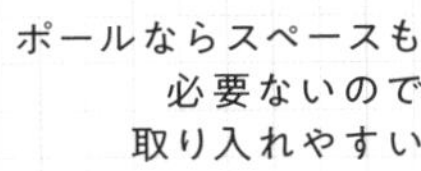

ポールならスペースも
必要ないので
取り入れやすい

Point

カット位置にテープを巻く

サイザルロープやマニラロープは先端がほつれやすい。ほつれを防ぐには、ロープの端に麻ひもを巻きつけて、結び目を先端に押し込むとよい。こうすれば、ほつれが目立つことでクライミングポールの外観を損なうこともない。

投稿事例 **13**

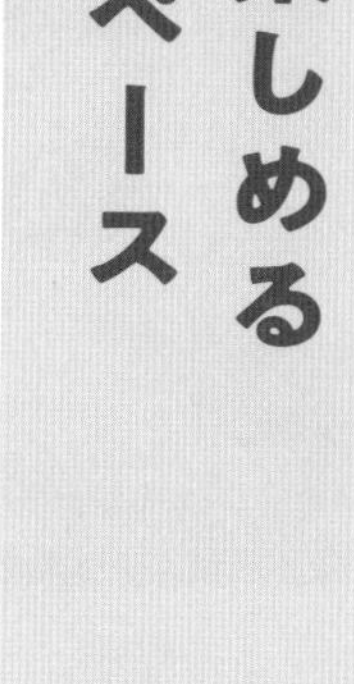

11匹が楽しめる天井スペース

投稿者
エンノ・ウルフ、アイーダ・レノウトアルメール［オランダ］

猫
ミカ、サロ、スナウト、キャスパー、ヨープ、オリビエ、ボブ、ハリー、ピーテル、トミー、リッキー

猫を11匹も飼っているので、我が家は爪とぎ用ポールやタワーであふれかえっていた。そこで考えた。猫に天井を使ってもらうというのはどうか？ でも、天井にものを吊るすにはどうすればいいんだろう？ 悩みながら試して、結局、猫が登ってたむろできるような天井吊り下げ式の遊び場を作ることにした。

Quality Cat (www.qualitycat-krabpalen.nl) のクライミング家具を購入し、メーカーが思いもよらない前代未聞の使い方をした。コンクリートの天井にドリルで50個の穴を開け、そ

こからサイザル麻のロープを巻いた支柱を降ろし、プラットフォームを吊った。降ろした支柱で猫たちの体重を十分支えられるかどうかを確かめた。

結果

今では、猫用の2階があるようなもので、私たちは猫のポールやタワーであふれていたリビングを取り戻した。欠点といえば、天井スペースを掃除するのにはしごが必要なことくらいだ。

Jackson

まずは、市販の製品を使って自分の作品に仕上げてしまったエンノとアイーダの驚くべきクリエイティブなその発想に拍手！ もちろん、独創的であるからといって、手放しで賞賛しているわけではない。もし、そこで猫同士のケンカが起こったらどうなるのか？ ケンカをやめさせるにしても、どうやって猫をそこから降ろすのか？ それだけが気がかりだが、この作品は、常識にとらわれないキャットリフォームのよい例だ。キャットウォークを作るスペースなんてない、なんて言い訳はしないこと。天井がある！

Kate

私もそう思う。なんて巧みに既製品を活用してるのかしら！ メーカーもびっくりすること間違いなしね。それから、エンノとアイーダが、天井通路へのランプウェイを作るのに、床から天井までのタワーを使っているのもいいわね。大型キャットタワーにはさまざまな階層があって、休憩できるところも多いし。頭上にいる猫たちを見るのは、とっても楽しいでしょうね。

11匹が楽しめる天井スペース

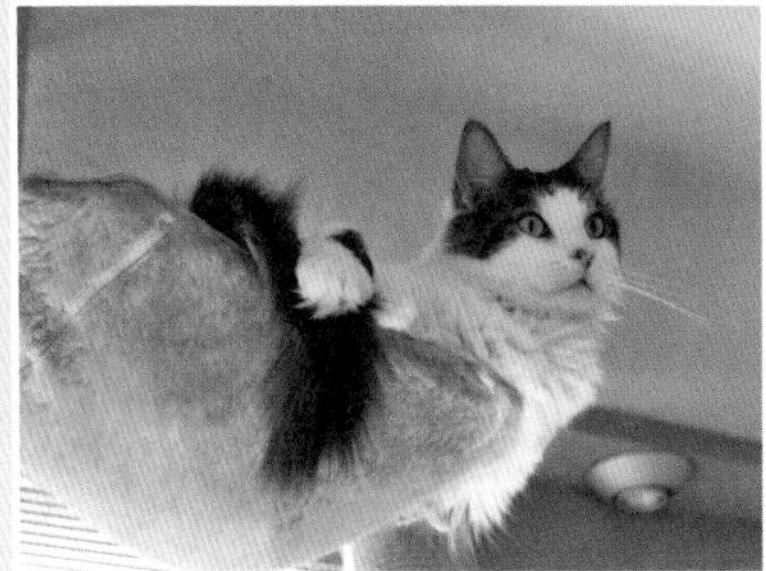

キャティオをつくろう

外のようで外じゃない、猫も人もくつろげる居場所

猫のために屋外の一角を囲って作った遊び場を、パティオ（スペイン語で中庭の意味）をもじって「キャティオ」と呼んでいる。

外をうろつくと遭遇してしまうような危険にさらされることなく猫に野外を楽しんでもらうには、キャティオが最高の方法だ。

キャティオには、柵で囲った小さな遊び場から手の込んだ網付きの小屋まで幅広い種類がある。キャティオを計画するときは、想像力を最大限発揮してみよう（もちろん、大家さんか管理組合が認める範囲で！）。

キャットリフォームの計画段階から、家の範囲をキャティオにまで拡張することで、どのようにすれば安全な形で猫に屋外の世界を体験させられるかを考えてみるといい。

ケイトと私は、どうか猫を外で飼わないようにと多くの人に（文字通り）頭を下げてお願いしている。というのも、屋外に連れ出さなくても、猫たちが新鮮な空気のなかで日の光を浴びて、小鳥や虫

を眺められるような、少しでも野外生活に近い環境を実現する方法があると信じているからだ。

そんな私たちにとって、キャティオは優れた打開案だ。猫に割り当てられることのできるスペースにはもちろん個人差があるが、たとえ狭くても、猫の縄張りを拡大してあげていることには変わりない。それがとてもいいことなのだ。

キャティオにはキャットリフォームの研究所のような役割もある。というのも、キャティオはリビングや寝室とは違って、人間と猫がともに健康で幸せに暮らせるような目指すべき環境に到達するまでに、あとどれくらいの努力が必要か実際に試験し、実験ができる場所だからだ。

また、キャティオも拡張可能であるべきだ。においを吸着してくれるアイテム（身体的に快適であるとともに縄張りを確保したという満足感が得られる）から、猫の好奇心と成熟に合わせて時間とともに変化可能なキャットウォークまで、猫のためになるあらゆるもので満たしておくべきだ。

次のページから
ケイトの作った
キャティオを見てみよう

サンルームをキャティオにする

ケイトが中古マンションでキャットリフォーム

Kate

新しい家を探し回っていたときのこと、不動産屋に連れられてフェニックス中心部の感じのいい小さめの分譲マンションを見にいったの。リビングからガラスの引き戸を開けてサンルームに出た瞬間、これだと思った。そこには一部しか屋根がなく、その屋根も古くて腐っていたけど、すばらしいキャティオになる可能性が見て取れたわ。骨組みはすでにそこにできていた。後は図面を仕上げるだけだ。そうすれば猫たちは、屋内と屋外を兼ね備えた申し分のない空間を手に入れられる。

友人を呼んで腐った古い梁を取り壊し、家の屋根から離れたところにキャティオ用の骨組みを建て、既存のブロック壁の上部につないだ。金網と頑丈な木材の格子のついたフレームを使って万全を期した。通気と採光は確保できるけど、網の目が小さいので、猫が通り抜けてしまう心配もない。屋根には、工業用の金属製屋根材を使った。壁にはキャットステップを設置して、トイレの周りにはカバーを付けた。さらに、サイザル麻のロープを巻いたクライミングポールを設置して、一番上のキャットステップにつなげた。完成すると、さっそく猫たちを新しいキャティオに出したら大喜びだったわ。

はじめから完璧である必要はない！

このキャティオを設置したのは数年前で、今では再検討が必要だと感じている。ジャクソンなら大喜びで指摘しそうな行き止まりがあるの！物置の扉の上にある一番上のキャットステップは、どこにもつながっていない。キャットリフォームの専門家なら、これだけで計画を練り直す理由になるわ。だけど、自分自身でやってみること自体に――いいアイデアを思いついてそれを実行すること自体に――価値があるの。すぐに完璧なものにしなければと感じる必要はないわ。設計内容は、時間をかけて発展させればいい（実際そうすべきだしね）。

例えば、棚板を何枚か取り付けてみて猫の行動を観察して、その結果に応じて追加すればいい。今は、猫たちがもっと走ったり登ったりできるように、キャティオ全体にキャットウォークを張り巡らせることを計画中よ。

キャットリフォームが行き詰まる原因は、一度にすべてをやらなければ失敗してしまうという固定観念だと思う。つまらないプライドは捨ててしまおう。あなたの猫は、たとえ少しであっても、縄張り感覚を広げてくれるすべてのものに感謝するはずだ。キャットリフォームで一番重要な仕事は骨組みを作ることであり、残りはおまけみたいなものだ。

ケイトの考えるいいキャティオを作る秘訣

1 あなたのキャティオでもある！

キャティオには必ず猫用のものだけでなく、人間が使う家具も備えること。そうすれば、お天気の日に猫といっしょに時間を過ごせる。そう、キャティオは飼い主のためのものでもあるの！

2 猫が食べる植物を置く

キャティオに何か追加するなら、猫草がうってつけ。どんなキャティオにも使える。キャティオに置く植物は、毒性がなく、猫が食べても無害な植物であるのを必ず確認すること。猫に安全な植物のリストは、ＡＳＰＣＡ（アメリカ動物虐待防止協会）のサイト（www.aspca.org）で見られる。

3 安全に気を配る

キャティオの囲いに使える金網はいろいろある。通り抜けが絶対にできないものにすること。ごく一般的な亀甲金網で全く問題ない。猫がすり抜けられる隙間ができないように、必ずフレームにしっかり固定すること。

キャティオなら
安全な環境で
外の空気に触れられる

半円形キャットステップ

キャティオに設置したキャットステップには、直径60㎝の円形にカットしてある板を使ったの。ホームセンター（木材コーナー）で手に入れたわ。円形の板を半分にカットして、屋外用塗料を塗る。装飾的な棚受け金具を取り付ければ、半円形見晴らし台の完成よ。

投稿事例 14

アクティブ猫が喜ぶキャティオ

投稿者
キャリー・ファーガーストローム
［オレゴン州ポートランド］

猫
ミロ、サイモン、エマ、ビリーボーイ、クロエ、キャスパー、セレスト、タイ、エンバー

今はすべての猫を室内飼いにしているが、うちの古株の猫たちは、元々放し飼いにしていた猫か、拾ってきた猫（1匹は完全に野生化した野良猫出身）のどちらかが多かった。だから、安全に屋外の生活を楽しませてあげたかった。サイモンとミロには、リビングに面するテラスから家の中に戻ってきてほしかった。2匹は、新しいルール（室内のみで生活する）に抗議して、3カ月スプレー行為をし続けたあげく、テラスに設置したキャティオに移住してもらうことになった。

After

キャリーのキャットリフォームは私のキャティオと似ているわ。彼女も、すばらしいキャティオになる可能性を秘めたテラス付きの家を見つけたのね。後は想像力を発揮して、さまざまな可能性を思い描いてみるだけでよかったはずよ。屋根に透明なパネルを使っているところがいいわね。日光は通しつつ、雨は防げる（ポートランドでは特に重要！）。彼女も私と同じＩＫＥＡのバナナ繊維のスツールを使ってるわ。これは屋外用に作られていて、猫にとってもすごく魅力的な素材だから、キャティオにはぴったりよ。爪とぎに使うだろうなと思っていたけど、猫たちはその上に座るだけでも満足してる。

Catification Essentials 

水飲み場をつくろう!

キャティオに水飲み場を設置する簡単な方法を紹介する。必要なものは、ふつうの水槽用のフィルター付きポンプ(ここでは活性炭フィルター付きの38リットル水槽用ポンプを使用した。ペット用品店で10〜15ドル)とボウルなどの容器だけだ。まずは、取り扱い説明書に従ってポンプを組み立て、フィルターカートリッジを挿入する。次に、ボウルの側面にポンプを掛けて、ボウルに水を満たす。ポンプにも呼び水として水を入れる。そして電源を入れる。後は、猫に新しい水飲み場を楽しんでもらうだけ!

Kate 

ボウルや容器はどんなものでも使える。縁にフィルターを引っかけて、中に水が流れ落ちさえすれば大丈夫。私は使われずに食器棚の奥に眠っていたボウルを使ったわ。ボウルは、側面が傾斜しているものよりも垂直になっているものの方がフィルターの据わりがいいから好都合だけど、側面が斜めのものでも、ボウルの外側とフィルターの間にちょっとした詰め物をかませれば、安定するわ。

プラスチック製のものは、時間とともに引っかき傷が付いたり、猫ニキビ(座瘡)の原因になるバクテリアを繁殖させるおそれがあるから、できれば陶磁器かガラスまたはステンレス製の容器を使うといいわ。きれいに洗えるし、引っかき傷も付きにくいから。ポンプは必ず定期的に洗浄すること!

Column

エサ入れと水入れは離しておく！

ご存知かもしれないが、猫の水入れはエサ入れから離して置いた方がいい。自然界の猫は、本能的に食料源の近くにある水を飲まない。水が汚染されているかもしれないからだ。噴水や蛇口から流れる流水を好む猫がいるのも同じ理由だ。流水の方が溜めてある水よりも汚染されにくいのだ。猫用の水飲み器を追加してみるか、少なくとも、水入れをエサ入れから離れた別の場所に移しておこう。そうすると、もっと水を飲むようになるかもしれない！

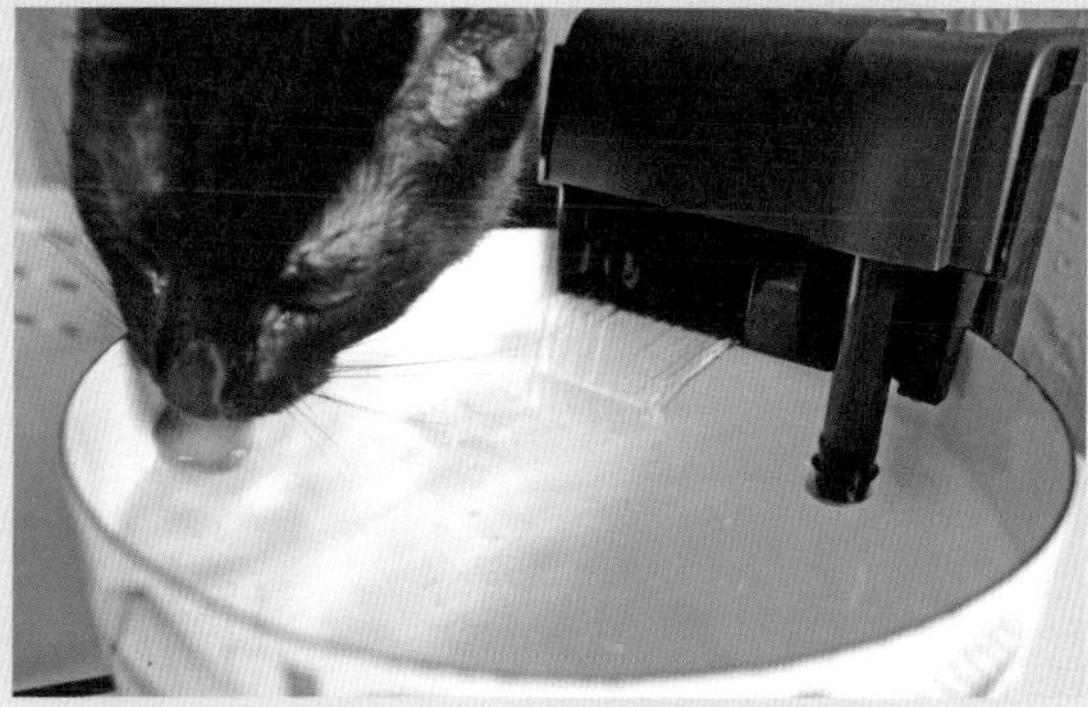

天然木を生かしたキャティオ

好奇心旺盛だった子猫が迷子のトラウマを克服！

ジャクソンがサンフランシスコに出かけて、デーブとブライアンと、そしてふたりの子供ブレンダンとエリンの家を訪ね、愛猫オータムのためのキャットリフォームを手伝った。

キャットリフォーム計画には、既存のサンルームにすてきなキャティオを作ることが含まれていた。オータムの新しい屋内なのに屋外のような遊び場の目玉となるのは、サンルームの真ん中に生えている1本の木だった。

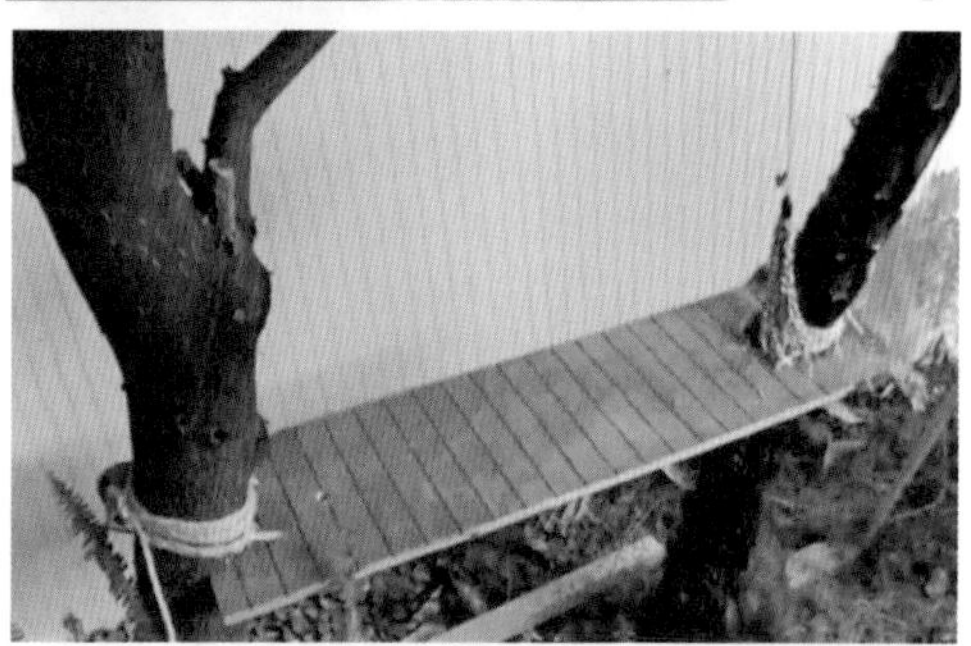

オータムは好奇心旺盛で、走り回って遊ぶことが好きな女の子だったが、少し前に外で迷子になり、その体験が彼女のトラウマになっていた。私が呼ばれたのはそのためだ。オータムの縄張りを広げ、安全にたむろしたり、エネルギーを発散したりできる場所を作ってやることが求められていた。

玄関を通り抜け、そのまま歩いてサンルームまで行った。そして思った。なんてすばらしいキャティオだろう！　この家でしていた他の作業は、もうどうでもよくなった。間違いなくこの家ではキャティオを改良するのが最善策だ、そう確信した。サンルームでまず目にとびこんでくるのは、屋根の開口部を突き抜けて真っ直ぐ上へと伸びる木だ。この木が難題だった。オータムが登って外に出てしまうのをどうにかして防ぐ方法を見つけ出す必要があったからだ。それにしてもこの木は、これまでに見たキャティオで1番だ。若い猫が登ったり、爪をといだりするのに、天然の木よりいいものはない。

デーブとブライアンと子供たちは、サンルームをキャットリフォームする作業に本気で取り組んだ。まずは、木の枝に雨漏り防止に屋根の継ぎ目を覆うための金属板を付けていった。こうすれば、オータムが木に登っても屋根からは出られない。水切りには爪が食い込まないので、そこから先には登れないのだ。実に頭がいい！

デーブ&ブライアン一家は、ステップや爪とぎ器、ベッド、猫草を木に追加して、最高にすばらしい猫用ツリーハウスを作り上げ、オータムにとって格好の目的地にした。オータムを飽きさせないためににおいを吸着するものなども追加された。そうしてオータムは、探検やマーキングのできる場所を手に入れた。

木の枝に金属板を巻きつけ、オータムが木に登って外に出てしまわないようにした。

塩ビパイプでつくる猫用家具

組み合わせ次第で可能性は無限大！

塩ビ（ＰＶＣ）パイプを組み立てれば、いろんな遊具が作れる！　丈夫で、変形などの経年劣化も起こしにくいので、屋外のキャティオでも問題なく使える。塩ビパイプは比較的安価だし、組み立ても難しくない。可能性は無限だ。想像力を働かせて、キャットリフォーム計画に応用してみてはいかがだろうか。

寝床に
ぴったり

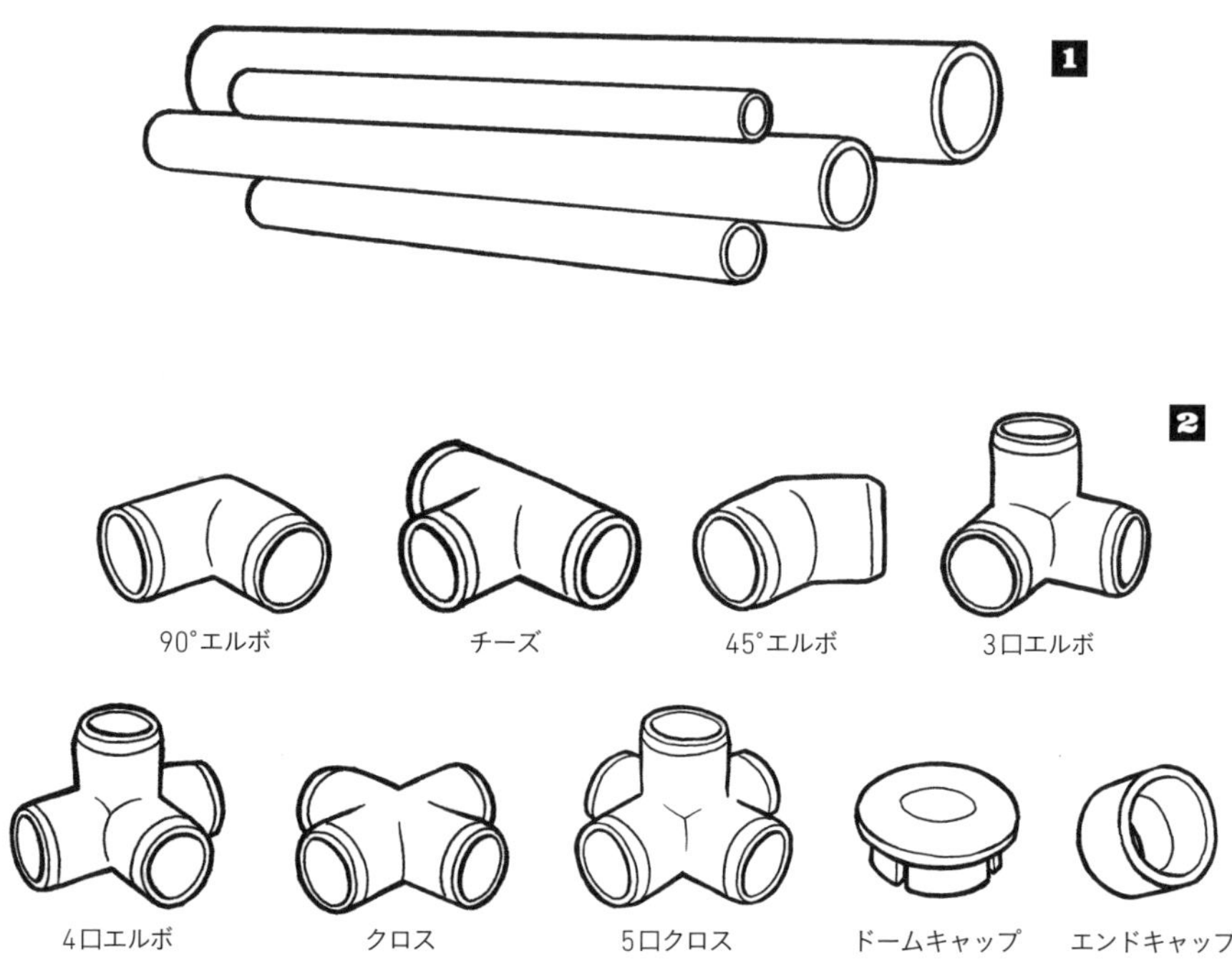

1 **塩ビパイプ**

塩ビパイプには、12㎜のものから50㎜を超えるものまで、さまざまな管径のものがある。作るものに応じて十分に強度のあるサイズを選ぶこと。遊具には管径20〜25㎜のものが適していることが多い。

2 **塩ビ継手**

パイプをさまざまな形状でつなぐには、各種塩ビ継手を使う。一般的な継手には、上のようなものがある。

3 **組み立て家具用塩ビパイプ**

ホームセンターに塩ビパイプを買いに行くと、パイプや継手の外側に文字や記号がしっかり印刷してあるのに気づくだろう。完成した遊具の表面の文字や記号が見えるのがいやなら、パイプや継手の上から塗りつぶしてせばいいが、その場合、まず表面にサンドペーパーをかけてから、プラスチック専用の塗料を塗ること。あるいは、家具用の塩ビパイプを

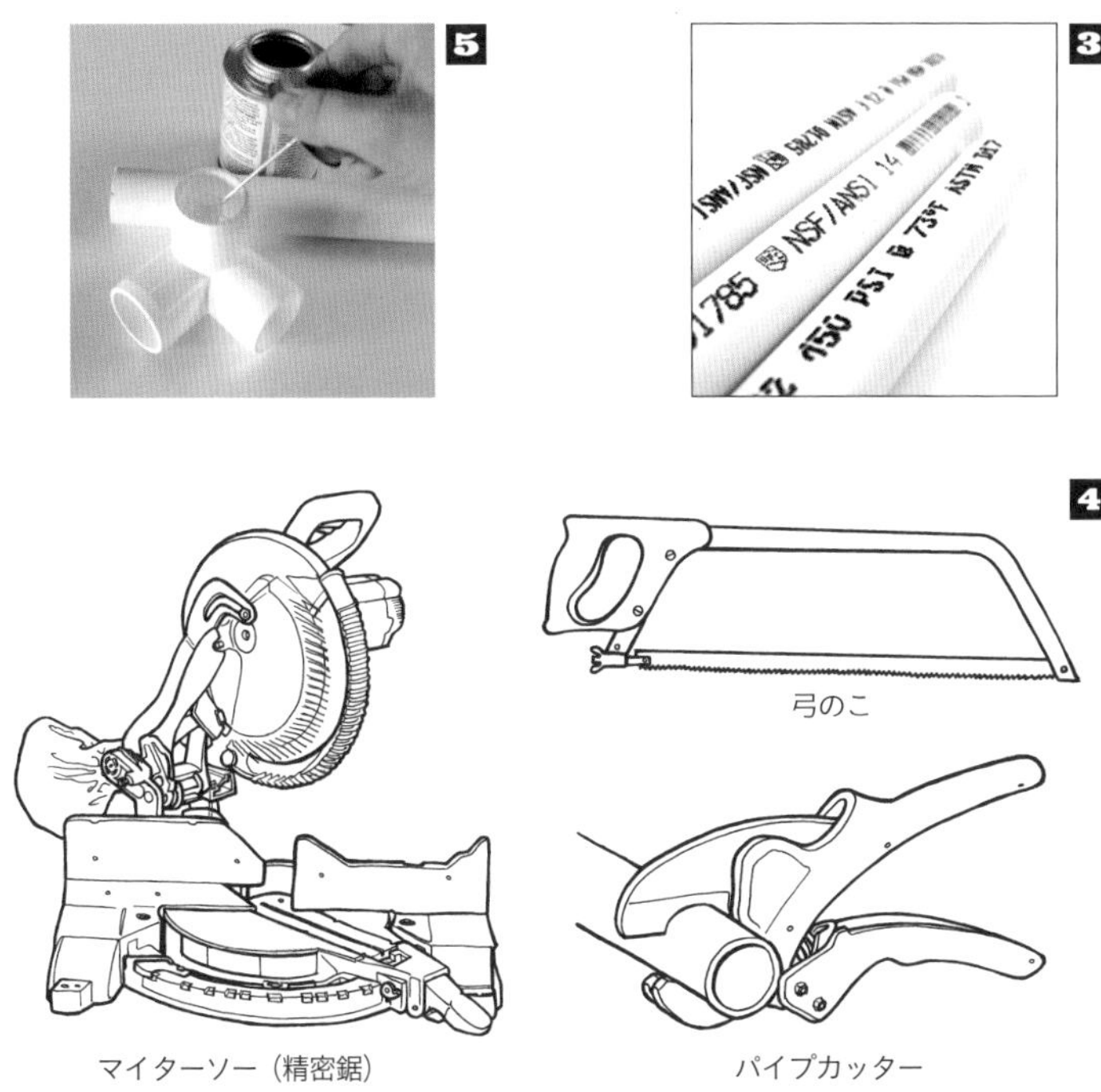

弓のこ

マイターソー（精密鋸）

パイプカッター

使う手もある。家具用のものには文字が印刷されていない。また、黒と白以外の色が用意されていることもある。家具用は、専門店やネットで手に入る。

4 塩ビパイプを切断する

塩ビパイプを必要な長さに切るには、3つの方法がある。

1 弓のこ
2 パイプカッター
3 マイターソー（精密鋸）

5 パイプと継手をつなぐ

パイプと継手をつなぐときは、接合部を塩ビ用接着剤でしっかり固定しておこう。接着剤を塗る前に、必ず仮組み立てをして問題がないか確認しておくこと！　必要な継手の種類やパイプの長さは作るものによって異なるので、適当なものが見つかるまでには試行錯誤することになるかもしれない。次ページから、25㎜塩ビパイプを使った猫家具の実例を紹介していこう。

かんたん高脚猫ベッド

4本の脚にプラットフォームが1つのシンプルな高脚猫ベッドを作ってみよう。脚の長さは各自で調整すること。

材料

- **25㎜塩ビパイプ（長さ30㎝）8本**
  高さを下げたい場合は、4本を短くする
- **エンドキャップ4個**
- **3口エルボ4個**
- **布カバー1枚**
  布カバーの作り方はP226を参照

中型クライマー

塩ビパイプを使えば、猫家具にも簡単に複数のステップを作り出せる。猫家具を設計するときは、猫がどのように動けば、あるステップから次のステップへ移動できるかを考えてみること。

部品

- 25㎜塩ビパイプ（長さ15㎝）20本
- 25㎜塩ビパイプ（長さ30㎝）24本
- 25㎜塩ビパイプ（長さ34㎝）4本
- エンドキャップ8個
- 4口エルボ16個
- 3口エルボ8個
- 布カバー6枚

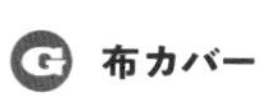

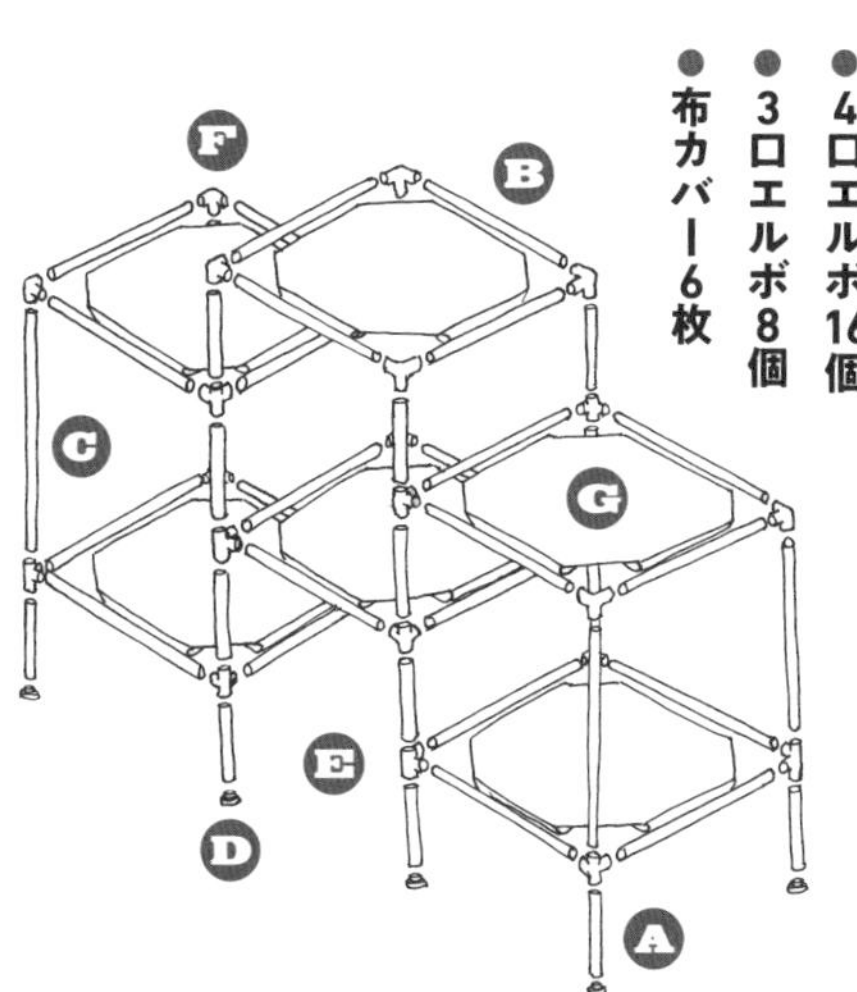

Kate's Tips

布カバー
の作り方

塩ビパイプ製猫家具に使用する布カバーの簡単な作り方を紹介。布地には厚手のキャンバス地が最適だ。猫家具を屋外のキャティオに設置する予定なら、耐水性や耐光性に優れた屋外用生地を選ぶこと。布地のサイズはプロジェクトに応じて変化するが、以下に基本的な例を挙げた。

1

布地をフレームよりも各辺10㎝ずつ大きく切る。例えば、フレームが40㎝四方なら、布地を60㎝×60㎝（40+10+10=60）に切る。

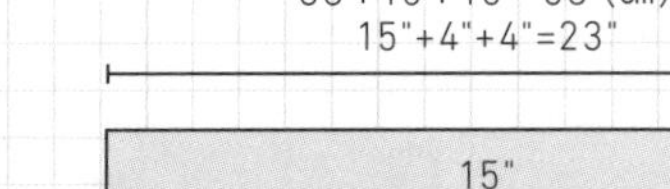

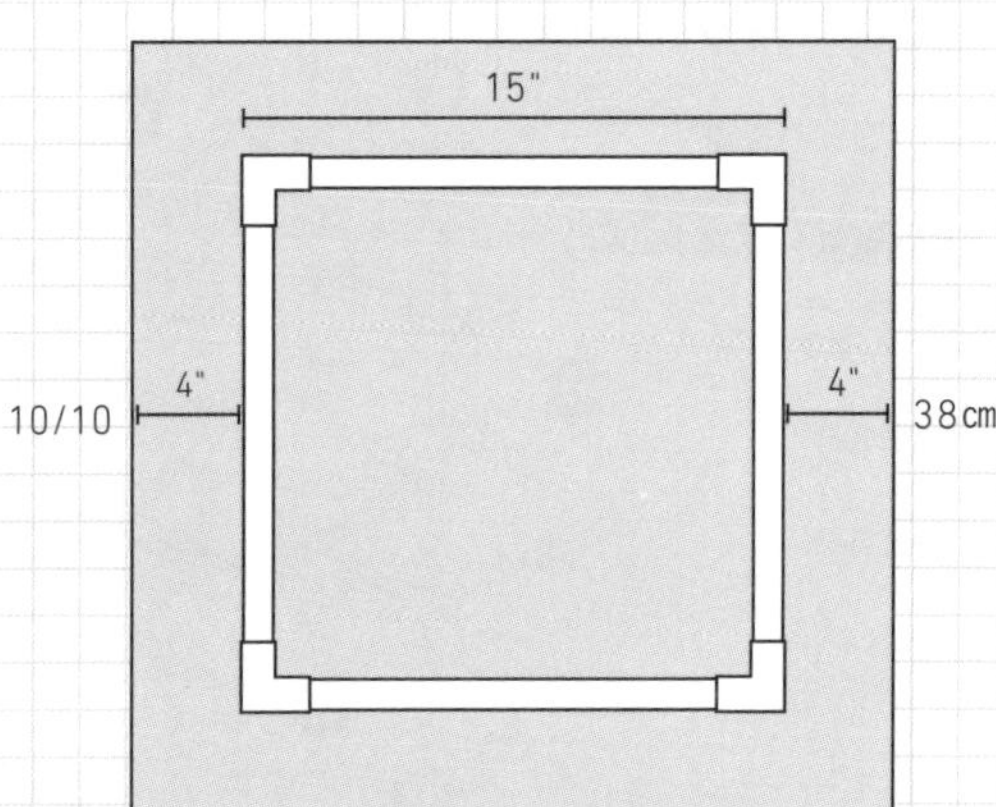

2

布の四隅を、フレームの角が少し見えるくらいの位置で折りたたむ。アイロンで布のしわを伸ばし、折り目から3〜5cm残して四隅を切り取る。

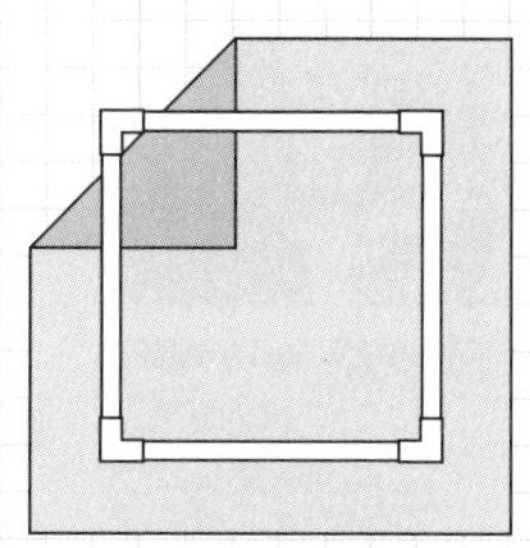

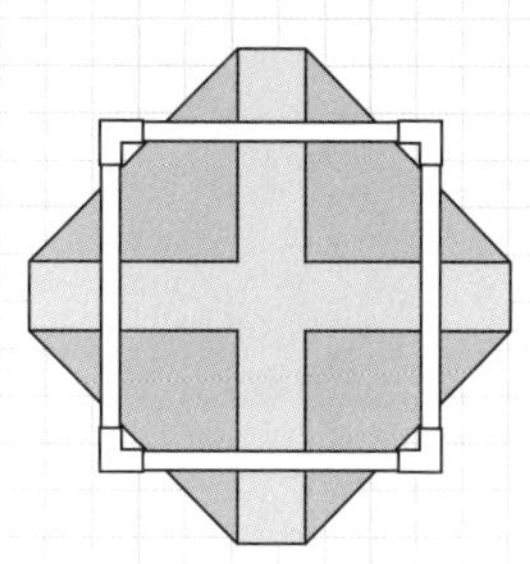

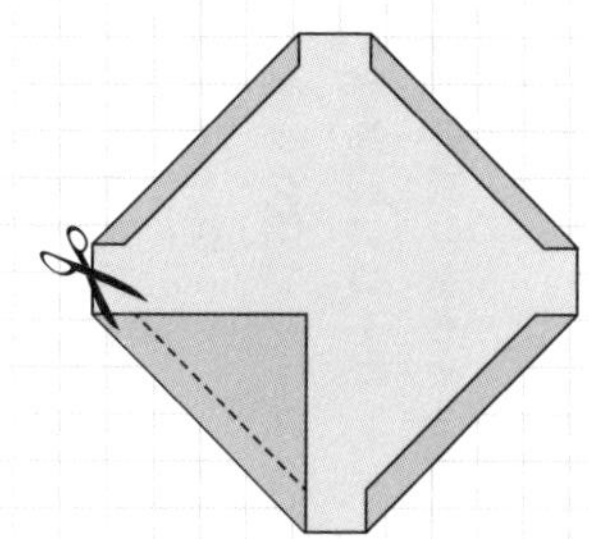

3

布の上にフレームを置き、四隅をフレーム側に折り込む。ハンモックの裏になる面に、印をつける。

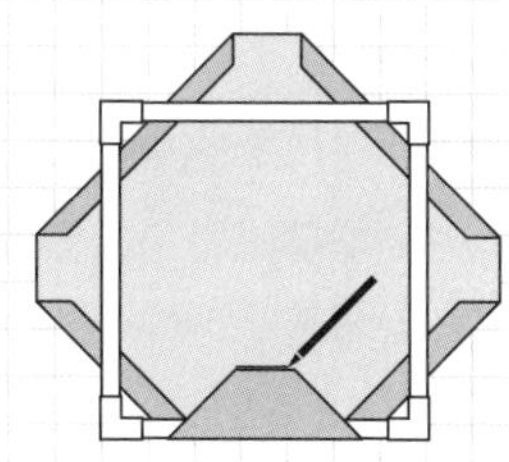

4

折り込んだ布の縁を縫い合わせる。

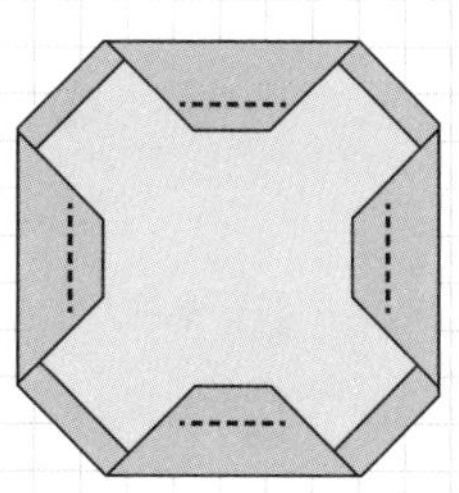

5

縫い合わせた部分の隙間に塩ビパイプを通し、四隅を継手でつなげる。

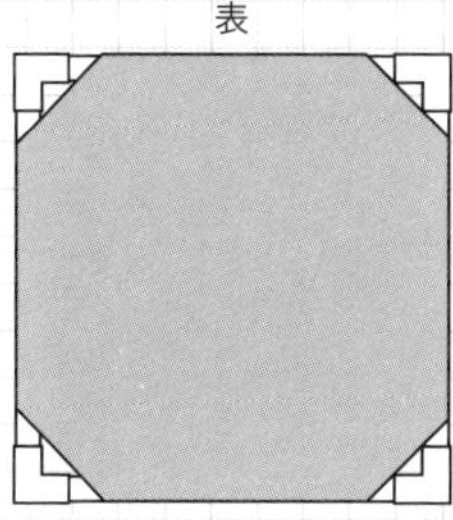

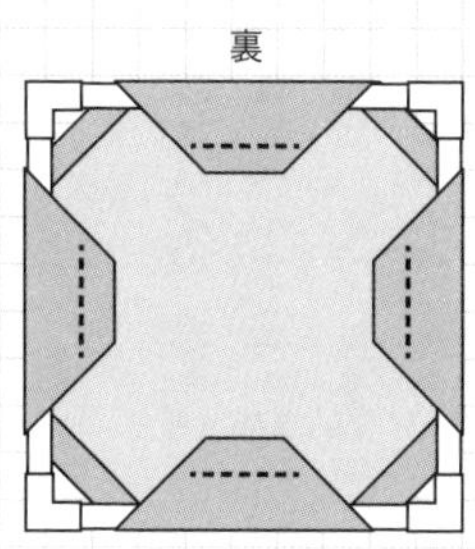

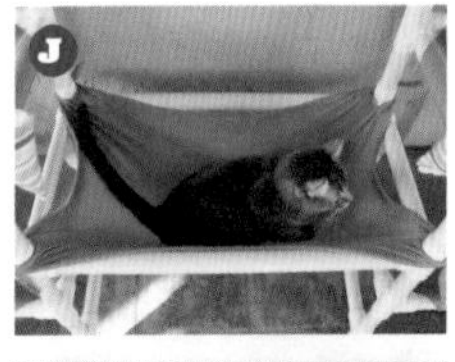

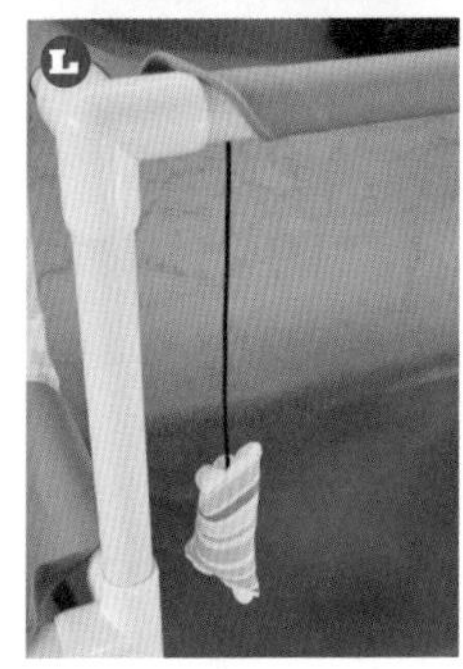

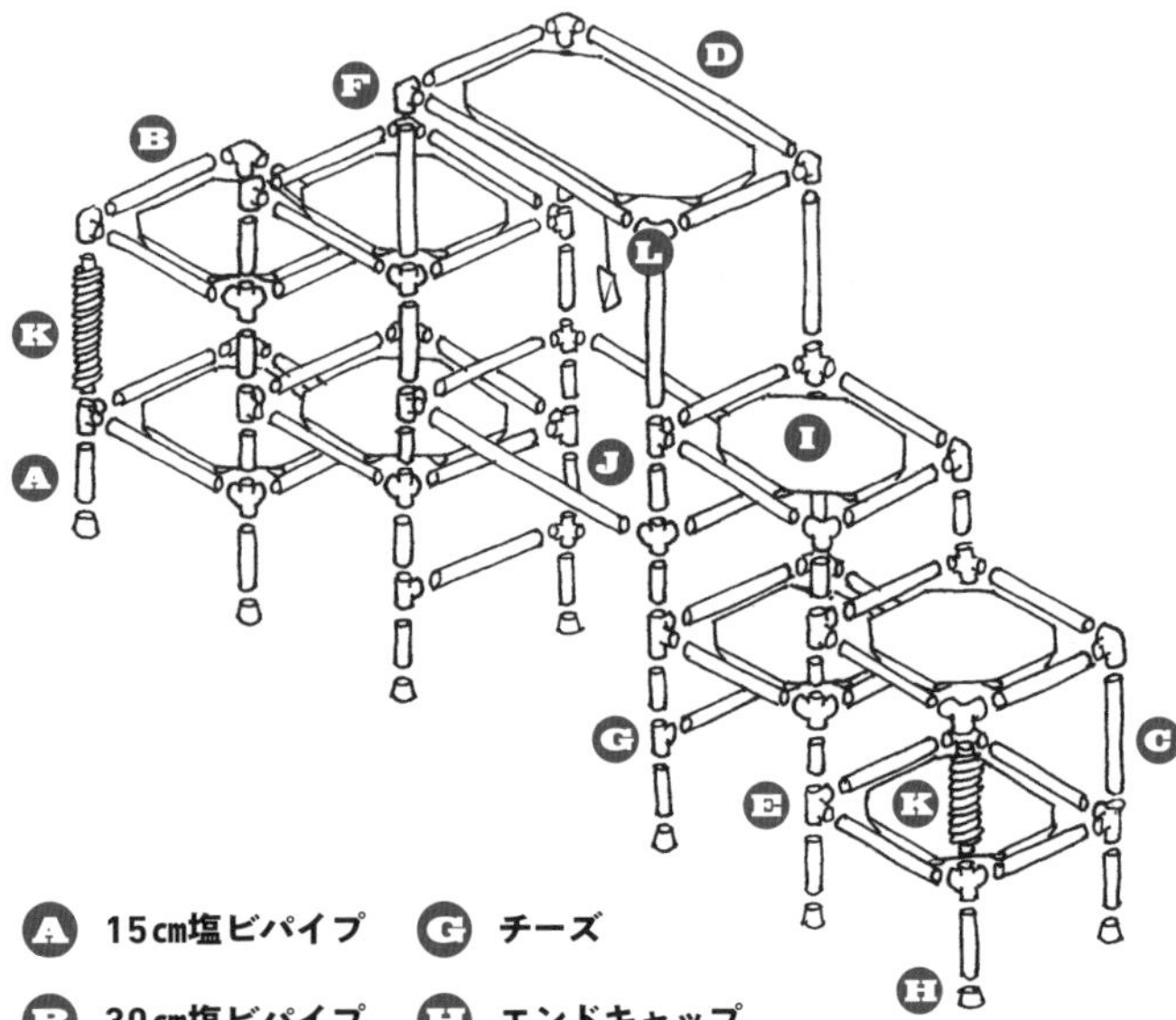

- A 15㎝塩ビパイプ
- B 30㎝塩ビパイプ
- C 34㎝塩ビパイプ
- D 60㎝塩ビパイプ
- E 4口エルボ
- F 3口エルボ
- G チーズ
- H エンドキャップ
- I 布カバー
- J ハンモック用フリース
- K サイザル麻のロープ
- L ぶら下げ式おもちゃ

デラックス猫遊園地

爪とぎやぶら下げ式おもちゃを組み込んだ多層式の猫遊園地を設計してみよう！

部品

- 25㎜塩ビパイプ（長さ15㎝）36本
- 25㎜塩ビパイプ（長さ30㎝）42本
- 25㎜塩ビパイプ（長さ34㎝）4本
- 25㎜塩ビパイプ（長さ60㎝）4本
- 4口エルボ28個
- 3口エルボ12個
- チーズ4個
- エンドキャップ12個
- 布カバー9枚
- ハンモック用フリース1枚
- サイザル麻のロープ
- ぶら下げ式おもちゃ2個

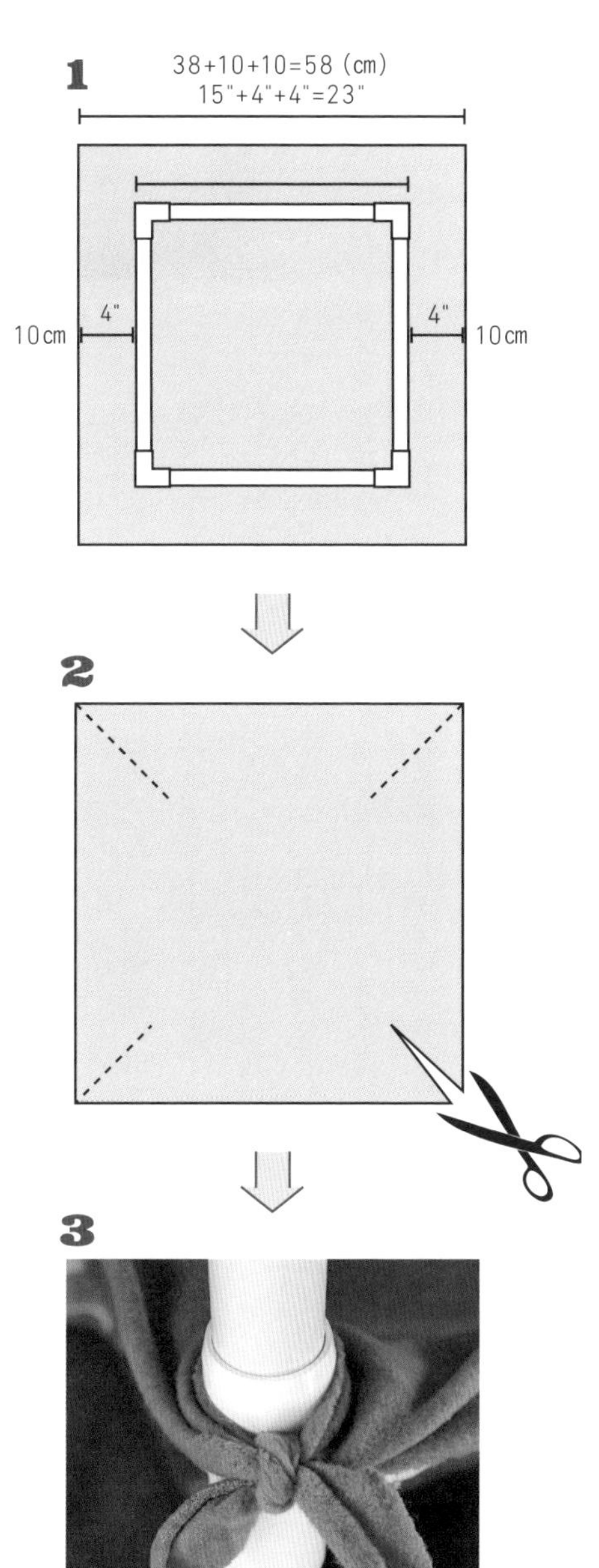

裁縫要らずのかんたんハンモック

裁縫が苦手でも、糸や針を使わずに手軽にハンモックを作る方法がある。フリースのような縁がほつれない伸縮性生地を使用する。生地をフレームの端から各辺10cmずつ長く切る。四隅に約10cmの切れ目を入れる。後はハンモックを所定の位置で結ぶだけ。この手のハンモックは、四隅の全パイプがさらに上方に伸びている低層のプラットフォームでのみ使用すること。

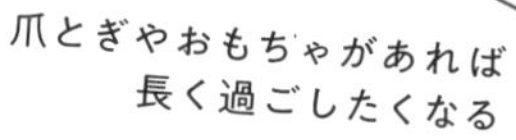

ロープを巻いた爪とぎスポット

猫のマーキング場所を探しているなら、猫家具に爪とぎ場所を追加することを考えてみてはどうだろう。支柱——垂直でも水平でも——にサイザル麻のロープを巻くだけでできる。まず支柱のパイプに、使用するロープの太さよりも少し大きめの穴をドリルで開ける（この例では、10㎜のロープと13㎜のドリルビットを使用）。穴にロープを通し、パイプにロープを巻き付ける。巻き付けながら、グルーガンでロープを固定していく。パイプの反対側の端にも穴を開け、ロープの端を押し込む。パイプの端には必ず継手につなぐ部分を十分に残しておくこと。

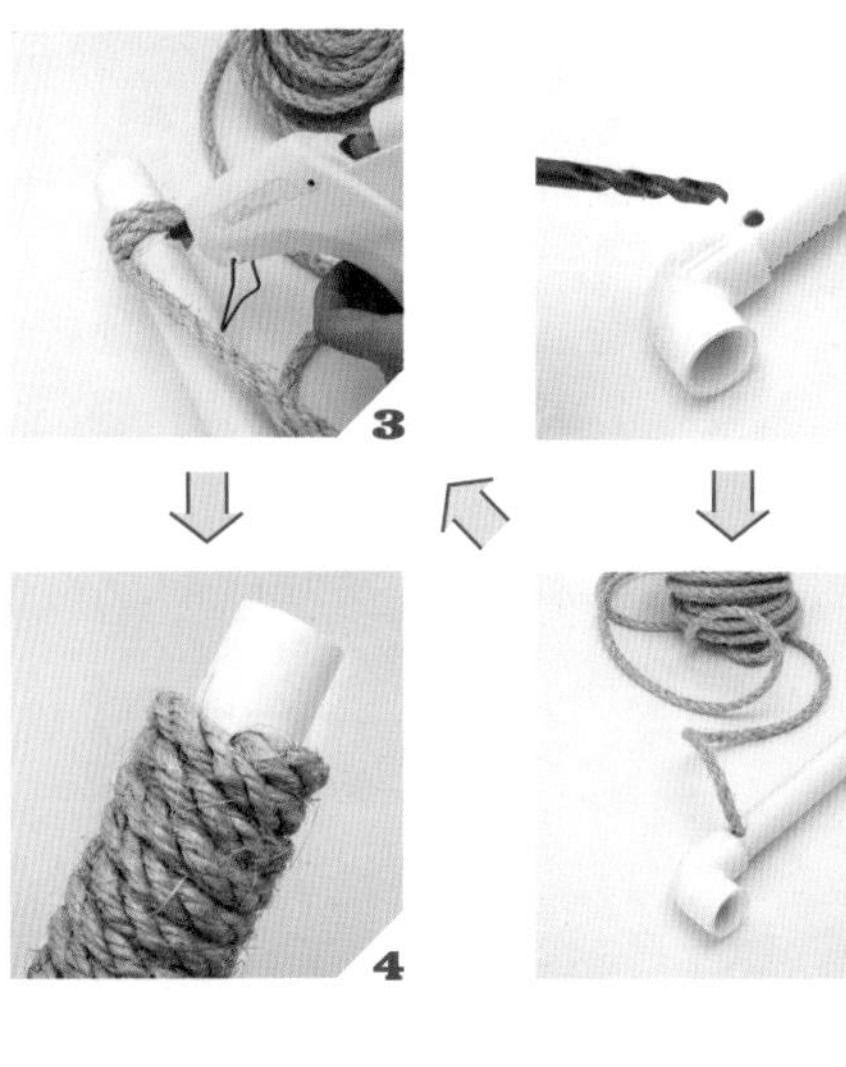

Catification Essentials 8

ぶら下げ式おもちゃ

ぶら下げ式のおもちゃを1、2個追加するだけでも、猫には楽しみが増える。愛猫お気に入りのおもちゃを選んで、ゴムロープなどのひもに取り付ける。後は、ひもの反対側を塩ビパイプに取り付けるだけだ。おもちゃは、猫の手がぎりぎり届かないところに置く。そうすれば、猫はそれに触ろうとして、手を伸ばしたり、うろちょろしたりする。中にキャットニップや鈴が入ったおもちゃを選べば、さらに楽しい。

ここでは、パイプに穴を開け、その穴にひもの端を通し、おもちゃがずれないようにパイプの中で結び目を作った。もちろん、パイプにひもを結ぶだけでもいい。

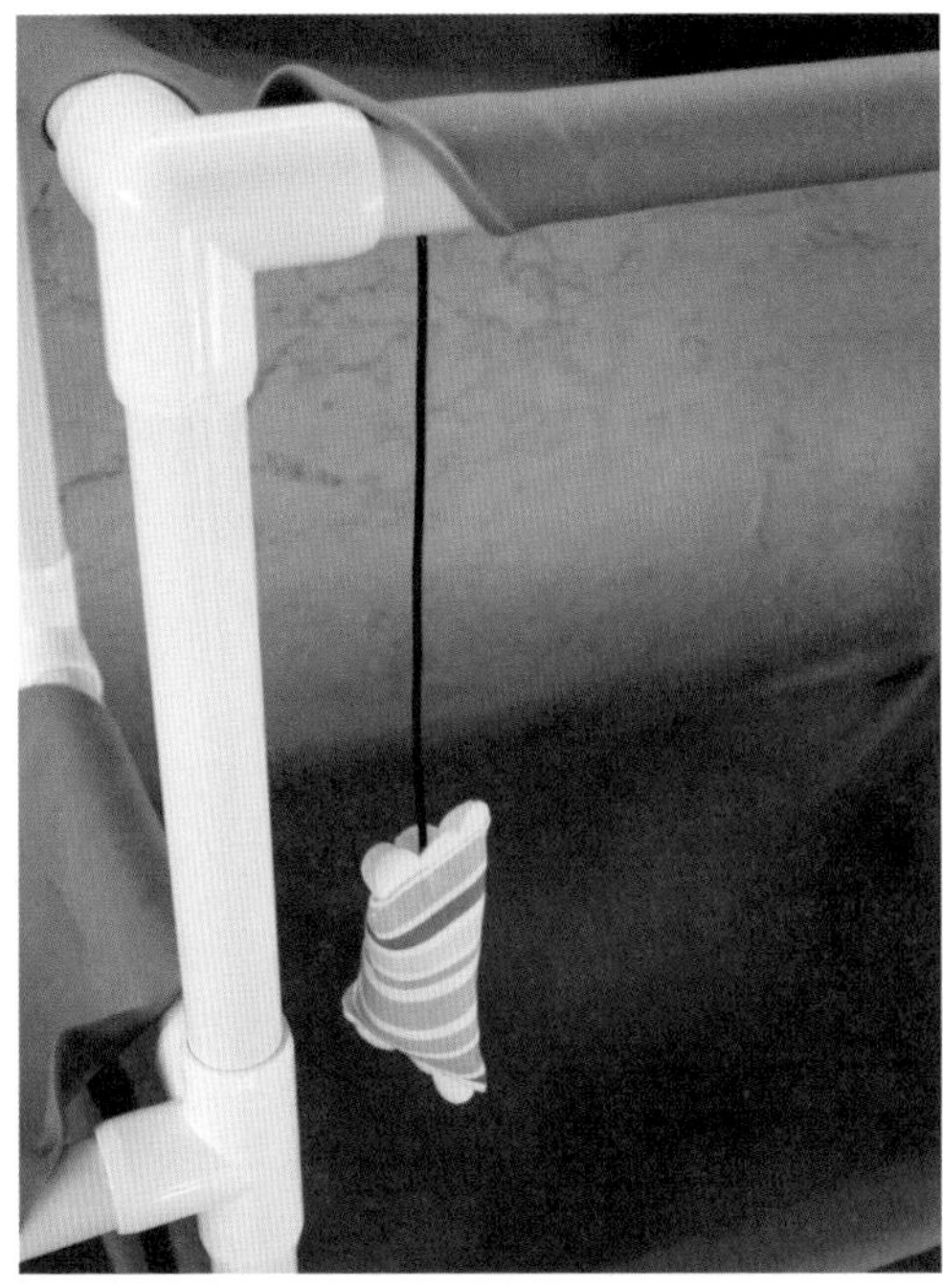

投稿事例 15

インテリアにもなじむキャットウォーク

投稿者
ニコ、カトゥボゴタ［コロンビア］

猫
ナビンズ、セオドア、ハリエット、サラ、ペニー、フェラー

6匹いる猫のうち、サラは昔から臆病者で、もっと垂直の世界を手に入れれば自信が高まるだろうと思った。また、ハリエットは避妊手術をしてから、かなり体重が増えたので、もっと運動させる必要があった。インテリアと調和しつつも、猫にとって楽しいものを作りたいと思った。

材料と費用

1×5（19×117㎜）、1×10（19×235㎜）、1×3（19×63㎜）のホワイトウッド材、塗料、コーキング材、大量の釘。材料はホームセンターで購入した。今回のキャットリフォームは全体で約200ドルの出費となった。

エリンのひと言

きっかけは1本の板材だった。以前のキャットリフォームで使い残した長さ2・4mの1×10（19㎜×235㎜）材があって、これを使わない手はないな、と思った。そのときは具体的なプランがあったわけではない。紙を3角形に切り抜いて型紙にし、なんとなくレイアウトし始めた。

階段はすぐに思いついたが、その目的地を設計する必要があった。そこで、私はプランをあれこれ練り始めた。いったいどんなものが我が家のインテリアになじむのかを検討しようと思った。建築の細部をいろいろと検討した結果、クラフツマン様式のデンティルモール（軒下の歯型装飾）をまねた棚を四方の壁にぐるりと取り付けることにした。

工夫次第で、飼い主や家のスタイルに合わせて、飼い主と猫がともに気に入る空間を作ることができる。

結果

ハリエットは、周回コースの完成を待たずにキャットウォークを使い始めた。彼女は、私の作業をずっと手伝ってくれた。各セクションが仕上がるたびにそのコースを試走し、問題がないと教えてくれた。

すべてが完成した今、猫たちが部屋の周りを何周もするのを目にしている。ミニネズミのおもちゃは放り投げて「狩り」をしてもらうにはうってつけだ。猫たちはそれをソファに座っている私たちの頭上に叩き落とすのが大好きだ。どれだけ早く階段を駆け上がれるかを競い合ったりもしている。

サラの自信は高まったし、ハリエットも……いや彼女の体型はあまり変わってないけど、みんな幸せだ。

私から見て、このデザインが好きだ。とても美しく家とマッチしている。明らかにこの家に住む猫たちへの深い愛情によってもたらされているところもまたいい。これは、「猫ホリックの猫屋敷」恐怖症の人に見てもらいたいキャットリフォームの好例だ。「ほら、こんなこともできるんだぞ!」てね。猫のための機能性の面では、危険が潜んでいる仕掛けであるように見える。キャットウォークで猫が寝ることも多いから、滑り落ちないようにカーペットを敷くべきだろう。それから、猫がキャットウォークに入る方法を選べるように、ランプウェイ方式の出入り口を別に設けるのはどうだろう。もし私が猫で、らせん階

段とランプウェイのどちらかを選べと言われたら、おそらくランプウェイを選ぶだろう。猫に選択の権利を与えるのはよいことだ。

とっても美しいわ。これが猫用だなんて思う人はいないんじゃないかしら。全体が途切れることなく、ひとつながりになったキャットリフォームのよい例ね。だって、この家を売ることを考えてみて。猫を飼っていない人が見れば、植物か何かを飾るためのインテリアだと思うはず。キャットリフォームのやり過ぎを心配しているのなら、いいお手本になるわ。猫を飼っていない人でもこのリフォーム部分を使いこなせるか考えてみて。答えがイエスなら、そのデザインは完璧に生活に調和しているってわけ（私は、どこの家にも猫がいるべきだと思ってるけどね！）。

縄張り争いがなくなる部屋

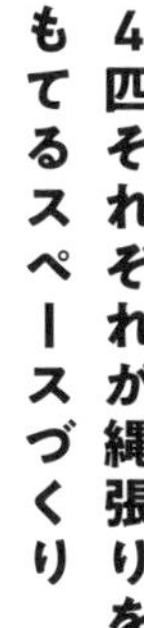

レイラニとマイケルは、小さくておとなしい2匹のバリニーズ、サンベリーナとティンカーベルを飼っていた。2匹はとても仲がよかった。ふたりはその後、2匹のF2サバンナキャット（P52参照）、ティガーとサハラを家族に迎え入れることにした。大混乱が始まったのは、そのときだ。猫同士の争いがひっきりなしに繰り返された。意外なことに、争いの火蓋を切るのは、たいてい一番小さなサンベリーナだった。彼女こそ、ナポレオン猫だったのだ！　縄張り問題でパニックに陥った3kgの猫が、15kgの猫をいじめることで不安を和らげる。こんなことはナポレオン猫でなければできない。

戦いにともない、家中にとんでもない量のおしっこが撒き散らされた。実は、最初の訪問時に、2匹のバリニーズが縄張りを確保できるように、ニオイを吸着してくれるものをあちこちに置くように言っておいた。2回目の訪問のために戻ってみると、ニオイを吸着してくれるものはひとつ残らず湿っていたが、喜ぶわけにはいかなかった。それはおしっこで湿っていただけだったのだ。すべてが裏目に出てしまった。10〜15kgクラスの猫を相手にするときは、最も恐ろしい悪夢をも上回る身体的・精神的要求を相手にしているということを忘れないでほしい。

レイラニとマイケルの2階建ての住宅にはキャティオもあったが、それを合わせても4匹の猫を飼うには明らかにスペースが不足していた。ふたりにはリビングをキャットリフォームすることをすすめた。やるべきことの基本的指針を与え、しばらくしてからまた訪問した。ガラスの引き戸の周りに小型の周回コースができており、その横にはキャットタワーが置かれていた。とにかく手が付けられていたことにはほっとしたが、実際のところ、彼らはそれほど真剣にはやっていなかった。マイケルが大工で、物作りはかなりの腕前であることを考えれば、実のところレイラニにはかなり失望させられた。彼女には自分なりの美学があって、私の指示に反対していた。「猫ホリックの猫屋敷」は、その美学を台無しにしてしまう、と言うのだ。レイラニの猫に対する献身度をみていると、正直に言って不合格だと感じた。

ところが、しばらくして、サプライズがあると言われた。2階に連れて行かれた私は、声も出なかった！　なんと、ふたりは仕事部屋——猫にとって極めて社会的に重要な部屋——に猫のための美しい居住地を作っていたのだ。前回の訪問でこの部屋で猫に必要なものについての話をしておいたが、彼らは私のアドバイスに基づいて、この設計を全部自分たちで思いついたのだ。部屋に入って、驚きのあま

り、危うく卒倒するところだった。そこはキャットリフォーム共和国そのものだった。キャットリフォームの理想の形が実現していた。ふたりは渡しておいた道具を見事に使いこなしていた。実にすばらしい。
この設計はすべての面でうまくいっている。私の注文した複数車線に対しては、天井にロータリーができていた。マイケルは屋根裏にまで入って、キャットウォークを取り付ける支持梁を設置していた。その梁に自分でぶら下がって、その強度を実証してくれた。ランプウェイも部屋のいたるところにあるので、床に降りて別の場所からまた登ってこれる。このキャットリフォームのすべての要素が場外ホームラン級だった。マイケルとレイラニは本当によくやったと思う。その後もふたりは、このベースキャンプ(詳細はP241へ)でやっていたことに学び、それを家中に拡大してみせたのだ。

部屋の雰囲気を変えなくても、
キャットリフォームはできる!

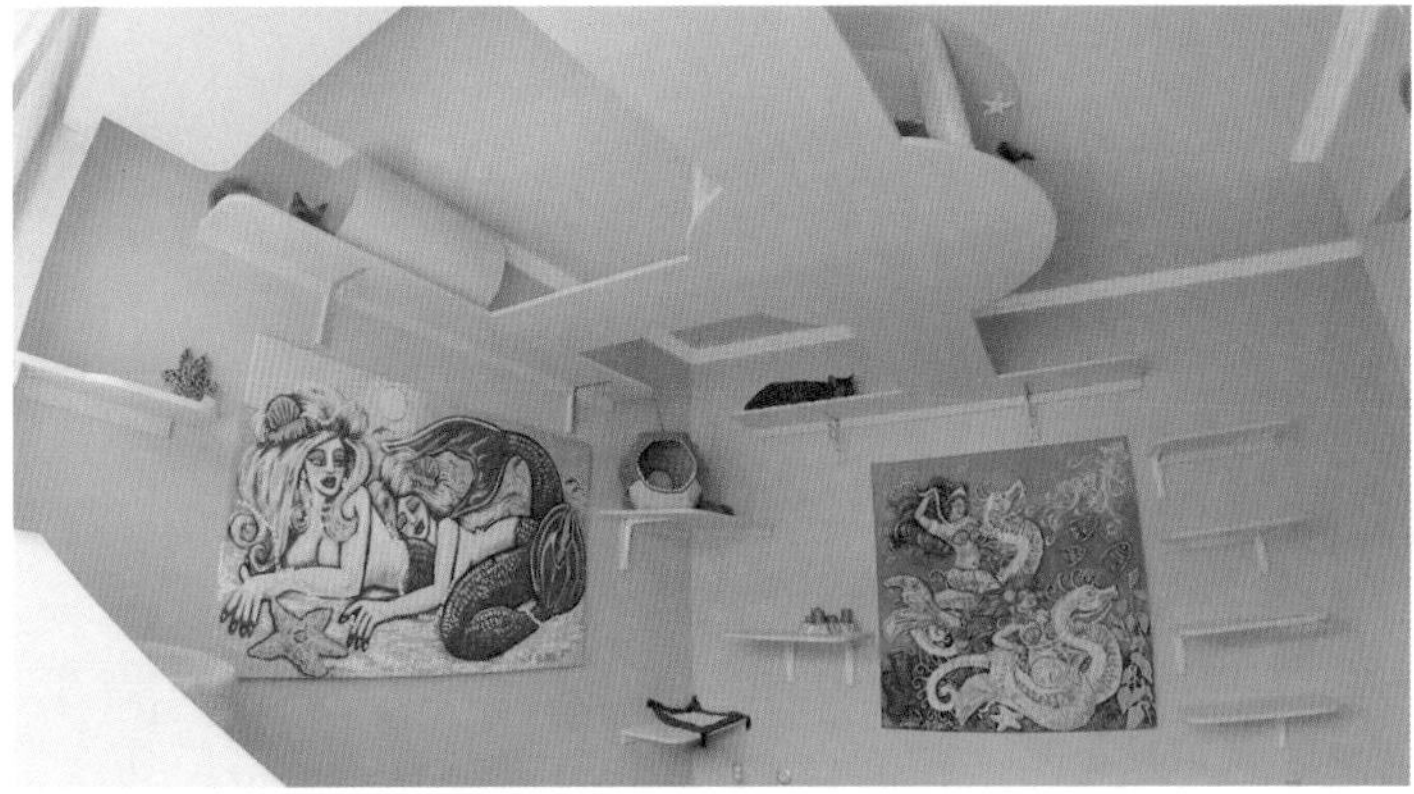

レイラニとマイケルが仕事部屋をキャットリフォームして猫のための部屋に

Column

ベースキャンプ

縄張りの中心になる部屋のことを指す。この部屋には、においを吸着してくれるものがあちこちに置かれている。これは猫がニオイを付けるためのものであると同時に、人間がニオイを付けるためのものでもある。ソファーは人間用。ベッドは猫用。椅子は人間用。フリースで覆われた見晴らし台は猫用。猫はこの入り混じったニオイを嗅ぐことで、ひとつの家にいるのだということを強く実感する。エサ入れ、トイレ、爪とぎスポットなどがすべて合わさって、ワイルド・キャットの世界に平穏が生まれる。

ベースキャンプは、新居に越してきたときにはもちろん不可欠なものだが、そこをキャットリフォームするときには、また別の重要性を担う。ある物がベースキャンプ内で社会的に重要なものとして周知されている場合、それを家の別の場所に置いても、当然同じ重要性を保持するはずだ。だとすれば、部屋の中に新しいものを入れて、古いものと次々取り替えていくこともできる。この「ベースキャンプ取引」を通して、安全な縄張りが量産されるというわけだ！

ベースキャンプ内の重要なアイテムを把握しておくことが大切

投稿事例 16

戸棚にキャットブリッジを架け渡す

投稿者
カレン・レイ
［カリフォルニア州サンディエゴア］

猫
ザカリー

キャットウォークが行き止まりになってしまうときは、都市計画の観点で見直してみるといいという教えに従って行き止まりを解消した。我が家には2つの戸棚の間には大きな隙間がある。跳び移るにはちょっと離れ過ぎている。そこでザカリーが隙間を越えられるように橋を架けることにした。完成したキャットブリッジは、キャットウォークに違和感なくなじんでいる。

Column

電源コードに注意！

猫の中には電源コードを噛むのが好きな猫もいて、思いもよらない事件を引き起こすことがある。コードを噛むのを止めさせるには、コードカバーを付け、コードの代わりにおもちゃなどの刺激になるようなものをたくさん与えること。

コードの噛み跡

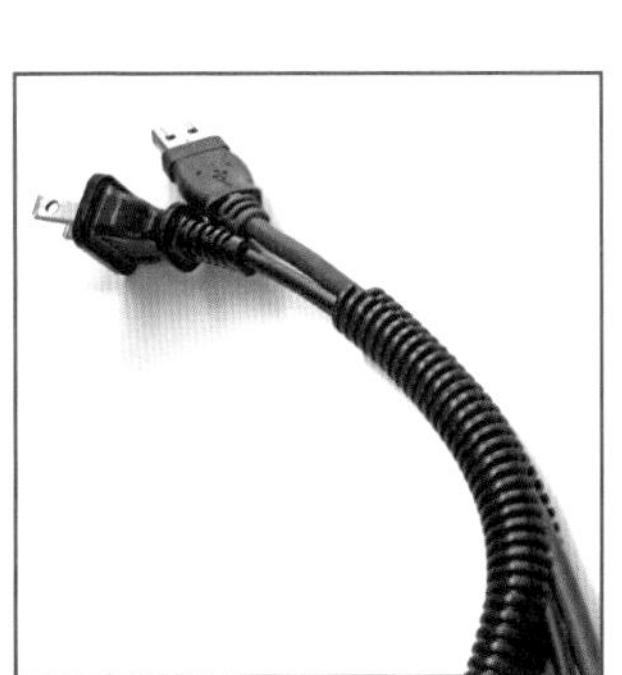

コードの噛み跡

投稿事例 17

丸太でつくる見晴らし台

投稿者
ボブ&リンダ・スタッフォード
［オレゴン州ワイルダービル］

猫
サム、ノートン

登ってくつろげる高さのあるキャットツリーと、窓のすぐ外にある餌台に来る小鳥の行動を観察できる見晴らし台を、猫に作ってやりたかった。

材料と費用

我が家は森の中にあるので、皮を剥いだ丸太を内装材としてすでに階段など数カ所に使っていた。だから、このキャットリフォームに同じ材料を使うのは自然な選択だった。ステップには余っていた合板を使い、その上に床のカーペットの残りを敷いた。そして、合板を隠すために側面に細い飾り板を貼った。購入する必要があったのは、棚受け金具と支柱を梁に取り付けるボルト1本だけだ。最後に、無垢の丸太にポリウレタン樹脂塗料を塗って仕上げた。総費用は、20ドル未満。

ボブ&リンダのひと言

皮を剥いだ丸太は、たいてい手元に大小取り揃えているので、すべきことといえば、スペースに合った長さに切ることと選ぶことだけだった。選んだ丸太には、最上部におもしろいこぶがあったので、それをそのまま活かして、全体をサンドペーパーでこすった。ステップの棚板は、丸太のカーブに合わせて、接合部を半円型にくりぬいた。

ステップ上面にカーペットを貼り、真鍮の棚受け金具を取り付けた。補助的な支えとして、皮を剥いだ小枝を数本追加した。最後に、爪とぎ用にカーペットを貼った厚板を下部に何枚か取り付けた。これは、カーペットがボロボロになったときに、取り外して張り替えやすいようにしてある。

結果

猫たちはすぐには登らなかった。どうやら、跳び乗ってはいけない人間用の家具だと思っているらしかった。そこで、さまざまなおもちゃで誘導した結果、このタワーが彼ら専用のものであることを理解したようだった。猫たちはタワーの上からの眺めが大好きだ。

そこにいれば階段の上と下の出来事が同時に見えるからだ。一番上の棚板は他よりも大きいので、寝そべって昼寝をする、お気に入りの場所だ。この結果には非常に満足している。このタワーは階段にうまく溶け込んでいる。自分たち専用の室内タワーを手に入れた男の子たちは、よく上り下りして遊んでいる。

Jackson

この作品は、人間の感じるセンスのよさと猫のための機能性を共に満たしている。どれほど違和感なく家のインテリアに溶け込んでいるかを見てほしい。さらに、見事な見晴らし台を作ることで、本来の目的にも適っている。見晴らし台からは1階部分も見えるし、階段を2階から下まで上り下りする人の様子も見える。とりわけ、周囲の内装と同じように自然素材が使われているので、デザイン的にも文句のつけようがなく、家の中心的存在になっている。

さらに一歩進めてみよう。ボブとリンダは猫が楽しめるすばらしい見晴らし台を作ったが、その先はどこにもつながっていない。例えば、タワーの最上段から、梁の高さで部屋を周回できるようにするのはどうだろう？　それなら、ステップをもう1枚追加すれば、上がれるようにできるから、どうだろう？　もちろん、悪いわけがない。特に、猫をさらに1匹か2匹飼う場合には。

Kate

私も同意見。ふたりは、キャットタワーとインテリアが調和したすばらしいミッションを成し遂げた。先のことを考えてカーペットを貼った爪とぎ板を作ったというのもいいわね」。必要なときに元通りに戻せるよう、取り外し可能にしているのは、すばらしいアイデアだわ。爪とぎスポットは、いずれ取り替えないといけない。だから、最初から交換するときのことをキャットリフォーム計画に組み込んでおくことが大切ね。

ここまで読んだことを
思い返して
卒業試験にトライしよう

おわりに

Conclusion

本書の中で数多くの宿題を出したが、新しいプロジェクトに取りかかるたび、私たち自身も非常に難しい宿題を抱えることになった。
私たちは、あなたが熱狂的な「猫教信者」であろうと「1匹しか猫を飼っていない人」であろうと、大邸宅に住んでいようとワンルームに住んでいようと、都会、郊外、田舎のどこに住んでいようと、あなたに喜びと刺激を与えたいと願った。繰り返すが、これは私たちにとって、とても骨の折れる宿題だった。そして今、私たち全員の卒業試験を行ないたいと思う。

Q1

部屋に入ってきた愛猫が、暖炉の上を見て、ニャーと鳴いた。さて、あなたならどうする？

a 猫がひっくり返してしまいそうな貴重な花瓶の心配をする。

b 猫のことは無視して、夕食のことを考える。

c ツリー猫である愛猫のために、窓際のツリーから書棚を経由して、なんとか暖炉の上に行けるようなルートが作れないかを考える。

Q2

4匹の愛猫のうちの1匹が、1日の大半をベッドの下で過ごすようになってしまった。さて、あなたならどうする？

a 自分でしたくてそうしているのだから、放っておく。

b 少しでも快適になるようにベッドの下に猫用ベッドを置き、掃除機が届くかどうか確認する。

c 家具の下や奥の方を封鎖したうえで、愛猫の行動範囲が広がるよう、さまざまな形とサイズの居場所を用意して、愛猫を新しい世界へと導く。

Q3

愛猫の1匹がダイニングの隅で何度もおしっこをするようになった。
さて、あなたはどうする？

a こんなにまでしてやってるのに恩を仇で返しやがって、とブツブツ言いながら、その都度掃除する。

b 椅子を持ってきてその上に置き、近くの消臭器のスイッチを入れ、何もなかったふりをする。結局、これが一番の方法だ。

c その隅に、そこにあっても見苦しくなく、猫が実際に使ってくれそうなトイレを置くことを考える。

見事、合格だ！　卒業プレゼントとして、猫の気持ちになって世界が見られるピカピカの新しい猫眼鏡を差し上げたい！　ぜひこの眼鏡をかけて問題を解決したり、そもそも問題が起こらないような環境を作りだしてほしい。今日からは猫が部屋に入ってくるたびに、何を欲しがり、何をしようとしているのかがすぐにわかるはずだ。さらに、人間の子供と同じように、どのようなバランスで安らぎと試練を与えれば、その子を最大限に成長させることができるのかもわかるはずだ。

猫眼鏡は助けにはなるが、結局あなたを導くのは、あなた自身が持っているはずのもの――「飼い主としての心」だ。ひらめきと努力、情熱と尽きることない好奇心、そしてもちろん、互いに感じている無条件の愛情――こうした形なきものが、キャットリフォーム道具箱を完全なものにする。

キャットリフォーム語をすらすら話せるようになったら、どうかそれをシェアして、他の人にもキャットリフォームの意義を伝えてほしい。あなたが持っているすべてのアイデアを共有できれば、世界のどこかでそれぞれの困難を抱えている、まだ会ったこともない飼い主を助けることができる。今ではあなたは、人間を崖っぷちに、猫を保護施設に追い詰めてしまうような失望を回避する能力がある。アイデア、実際に試した工夫、情熱を共有することで、私たちはともに生命を救い、人生を豊かなものにすることができる。本書の第1部で、私たちは、まず猫全体のこと、それからあなたの猫のことを知ってもらうように努めた。さあ、あなたの家で飼っている猫を幸せにしようとする努力と知識を他の人に伝えることで、世界中の猫を幸せにする手助けができる。すべての猫が幸せに家で住めるようになるのだ。

飼い主としての
心さえあれば、
あなたも猫も幸せになれる

謝辞

Acknowledgments

著者ケイトとジャクソンは、ちょっと変わっているけれど、大切な、ナイスアイデアに誠心誠意取り組んでくれた以下の方々と団体に感謝する。前人未到のキャットリフォームの荒野を五里霧中の状態でさまよう著者に、知恵を絞り、また汗を流しながら、ひたすら連れ添ってくれたみなさんに心からの敬意を表する。

　ターチャー社（ペンギングループ）のサラ・カーダー以下、ジョアンナ・ン、ブリアンナ・ヤマシタ、クレア・バッカーロ、ミーアン・キャバノーに。

　デイビッド・ブラック・エージェンシー社のジョイ・トゥテラ、ルーク・トーマスに。

　ブルックス・グループ・パブリック・リレーションズ社のレベッカ・ブルックス以下、ニキ・ターキントン、リンジー・スミス、エスター・マッキルベインに。

　タン・マネジメント社のジョセフィン・タン、ケビン・クログスタッド、ジェシカ・ハノに。

　アニマル・プラネット、ディスカバリー・コミュニケーションズ社、アイワークスUSA社のみなさんに。彼らがいなければ、「キャットリフォーム」という言葉が世界中の何百万もの家庭で口にされることもなかっただろう。

　これまでに家と心を開いて『猫ヘルパー』に出演してくれた百匹を超える猫とその家族に。

　#TeamCatMojoの中心メンバー、シエナ・リー・タジリ、トースト・

タジリ、ヘザー・カーティスに。

グッドシップ・モジョの舵取りを手伝ってくれたLEG、シュレック・ローズ・ダペロ&アダムス、ウィリアム・モリス・エンデバー・エンターテイメント各社のノーム・アラジェム、キャロリン・コンラッド、イボ・フィッシャーに。

本書の編集の実務に取り組んでくれた人たち、美しい挿絵を描いてくれたキャサリン・マドリッドとニカ・スコット、日程調整などの実務を取り仕切ってくれたリンダ・ペロ、いろんな面で支えてくれたスーザン・バインガートナー、ジョアンヌ・マクグナグル、ピーター・ウルフ、イングリッド・キングに。

本書にさまざまなアイデアや発想を提案してくれたキャットリフォーム共和国の仲間に。

みんなで猫問題を考えるきっかけとなり、私たちの仕事の意味を日々思い出させてくれた猫たちに。アルファベット順に行こう。ジャクソンの家：バリー、キャロライン、チャッピー、エディ、リリー、オリバー、ピシ、ソフィー、ベルーリア。ケイトの家と事務所：アンドー、アンディー、ベア、クロード、ダズラー、フローラ、リリー、マッケンジー、ママキャット、マーゴット、マッキンリー、ラストカスト、シャーマン、シンバ、シルビア。

SPECIAL THANKS

ジャクソンより

最愛の妻ミヌーに。

ケイトより

ハウスパンサーのわがチーム仲間、ゲルダ・ロボ、ター・デルーナ、サラ・サンティアゴに。どんな常識外れなプロジェクトにも、いつも理解を示してくれる両親、ドン&バーバラ・ベンジャミンに。このプロジェクトに取り組んでいるときに、私に代わってチームの面倒を見てくれ、私と変わらぬ愛情を注いでくれたマークに。

フィー、ギリガン 飼い主 リン・マリア・トンプソン 撮影地 フロリダ州ネプチューンビーチ

248 上から**マーミー** 飼い主 ヴァネッサ・カリー、ケビン・レスラー 撮影地 アリゾナ州メサ／**スクワッター** 飼い主 デンナ・ベーナ、トラヴィス・フィルメン 撮影地 フロリダ州オーランド、p48にも登場したパーシャ／**アンバー** 飼い主 アリンタ・ホーキンス 撮影地 フロリダ州サラソタ

250 左から**LT、レオン、シャーロック** 飼い主 ジョン、デビ・コングラム 撮影地 イリノイ州アーリントンハイツ／p48にも登場した**パーシャ**

251 上から**グレイシー** 飼い主 デイブ&キャスリーン・ピカリング 撮影地 カリフォルニア州ダンビル／**マミー・キャット** 飼い主 シェリー&ナレン・シャンカル 撮影地 カリフォルニア州ビバリーヒルズ 撮影者 スーザン・バインガートナー・フォトグラフィー

写真・イラストクレジット

020・021 イラスト ニカ・スコット
045 イラスト ニカ・スコット
062 イラスト ケイト・ベンジャミン
062-070 写真 ケイト・ベンジャミン
064・066 イラスト キャサリン・マドリッド
072-077 写真 レベッカ・ブリテン
078・081-083(右) 写真 ケイト・ベンジャミン
084 写真 中段以外ケイト・ベンジャミン、右上ジャクソン・ギャラクシー
085 写真 ケイト・ベンジャミン
086-093 写真 サラ
094-095 イラスト キャサリン・マドリッド
104・106 写真 ケイト・ベンジャミン
107 写真 上：ピーター・ウルフ、下2枚：ケイト・ベンジャミン
108-112 写真 リン・クラック
113 写真 ピーター・ウルフ、ケイト・ベンジャミン
114-118 写真 ニコ&カトゥ
117 イラスト キャサリン・マドリッド
119-123 写真 ケイト・ベンジャミン
122 イラスト キャサリン・マドリッド
124-126 写真 ウェンディ&デイビッド・ヒル
127 イラスト キャサリン・マドリッド
128-131 写真 ジェニー・ジョンソン
131 イラスト キャサリン・マドリッド
132-137 写真 マージョリー・ダロー、ライアン・デイビス
141・143・145-149 写真 ケイト・ベンジャミン
142 イラスト ケイト・ベンジャミン
148 イラスト キャサリン・マドリッド
150 写真 シルビア・ジョナサン
151 イラスト キャサリン・マドリッド
152-154・155コラム 写真 ケイト・ベンジャミン
153 イラスト ケイト・ベンジャミン
156・157 写真 ルシオ・カストロ
159-161 写真 ミシェル・タン・ジュリアス
160・161 イラスト キャサリン・マドリッド
164・165・167・168 写真 ケイト・ベンジャミン
166 イラスト ケイト・ベンジャミン
178・179 写真 マルチェッロ・ピスティリ
189・191-193 写真・イラスト ケイト・ベンジャミン
195-199 写真 ケイト・ベンジャミン
200-203 写真 エンノ・ウルフ
204-211 写真 ケイト・ベンジャミン
212-214 写真 キャリー・ファーガーストローム
215-216 写真 ケイト・ベンジャミン
220・221 写真 ケイト・ベンジャミン
222-225 イラスト キャサリン・マドリッド
224-226・228-231 写真 ケイト・ベンジャミン
226・227・229 イラスト ケイト・ベンジャミン
232-236 写真 エリン・クラントン・カップ
243 写真 ケイト・ベンジャミン

Credits

イメージカットで登場してくれた猫たち

010 **ピシ、ガス** 飼い主 キース&アイリーン・フィリップス 撮影地 アラバマ州マディソン

011 **ハイゼンベルク** 飼い主 マイク・ウィルソン 撮影地 ミシガン州グランドラピッズ

012 **スポーティー、ワラビー** 飼い主 ケイシー・ターナー 撮影地 バージニア州フェアファクス

013 上から**アビー** 飼い主 トニ&マーク・ニコルソン 撮影地 アラバマ州ハートセル／**ボニー・マローニ** 飼い主 ドーン・カバナフ、マイク・フランシス 撮影地 アリゾナ州グレンデール 撮影者 ケイト・ベンジャミン

016 左から**マングローブ** 飼い主 ジェーン&バド 撮影地 バージニア州ポーツマス／**ゼビー** 飼い主 ドーン・カバナフ、マイク・フランシス 撮影地 アリゾナ州グレンデール／**キーパー** 飼い主 レベッカ・マウンテン 撮影地 マサチューセッツ州オレンジ

018 左から**カンフー・タイガー・リリー** 飼い主 メアリー&デイビッド・マーフィー 撮影地 テキサス州オースティン／**ザカリー** 飼い主 カレン・レイ 撮影地 カリフォルニア州サンディエゴ 撮影者 コリーンズ・カスタム・ペット・フォトグラフィー

030 左から**プレシャス** 飼い主 マンディー・ブラナン 撮影地 ワイオミング州シャイアン／**ルナ** 飼い主 キム・ペラエス 撮影地 フロリダ州ラルゴ

033 左から**バフィー** 飼い主 メリッサ・クレア・バーガン 撮影地 ウィスコンシン州ミルウォーキー／**シドニー** 飼い主 メアリー・ジェーン・チャペル=リード 撮影地 ケンタッキー州レキシントン／**マール** 飼い主 ウェンディ・カプラン 撮影地 フロリダ州フォートローダーデール

038 上から**オリバー** 飼い主 ダナ&ロジャー・ジェプカ 撮影地 イリノイ州ホーマーグレン／**アメリア** 飼い主 ピーター・ウルフ 撮影地 アリゾナ州フェニックス／**ドラ** 飼い主 リンダ&トム・ペロ 撮影地 コロラド州パーカー／**シュガー** 飼い主 オール・アバウト・アニマルズ・レスキュー 撮影地 アリゾナ州グレンデール 撮影者 ケイト・ベンジャミン

049 **ミンガウ、オリビア** 飼い主 シンシア・トンプソン、ディオゲネス・サビモンド 撮影地 ポルトアレグレ（ブラジル）

054 左上から右に**マキ** 飼い主 エディス・エスキベル・エギグレン 撮影地 モレロス州クエルナバカ（メキシコ）／**トンクス** 飼い主 チャック&シンディ・シュローヤー 撮影地 カリフォルニア州モーガンヒル／**パーシャ** 飼い主 ミシェル・フェーラー 撮影地 アリゾナ州フェニックス／**アール** 飼い主 マット&ダイアナ・サムバーグ 撮影地 ペンシルバニア州ピッツバーグ

055 上から**フリーダ** 飼い主 レイラ・メンチョーラ、フリッサ・メンチョーラ 撮影地 カヤオ（ペルー）／**タノシイ** 飼い主 ハイジ・エイブラムソン 撮影地 アリゾナ州フェニックス／**ジェゼベル** 飼い主 シェリー&ナレン・シャンカル 撮影地 カリフォルニア州ビバリーヒルズ 撮影者 スーザン・バインガートナー・フォトグラフィー

095 **ナーラ** 飼い主 キーリー・F 撮影地 バージニア州フェアファクス

149 **トミー** 飼い主 ドナ・J・クラブツリー 撮影地 ニューメキシコ州ティヘラス 撮影者 デイビッド・マーフィー

151 **テッド** 飼い主 ライアン&リジー・ルイス 撮影地 カリフォルニア州サンタモニカ

155 上から**クラッカー** 飼い主 パトリック&ジョニーダ・ドッキンズ 撮影地 アリゾナ州メサ／p49に登場したタノシイ

194 **グーグル** 飼い主 キャンディス・ポース、トニー・ディジオバイン 撮影地 アリゾナ州フェニックス

199 **モール** 飼い主 ウェンディ・カプラン 撮影地 フロリダ州フォートローダーデール

241 上からp38にも登場した**ドラ、キャプテン・ラ**

ジャクソン・ギャラクシー［著］

猫の行動専門家。動物と人間をテーマにした専門チャンネル「アニマルプラネット」の人気番組『猫ヘルパー～猫のしつけ教えます』のホスト兼エグゼクティブプロデューサーとしても活躍。著書に『ぼくが猫の行動専門家wなれた理由』（パンローリング）、『ジャクソン・ギャラクシーの猫を幸せにする飼い方』（エクスナレッジ）など

ケイト・ベンジャミン［著］

オリジナルの猫グッズが人気の猫のハウスパンサー（Hauspanther.com）の創設者。『猫ヘルパー～猫のしつけ教えます』にも数多くゲスト出演し、ジャクソンとともに猫に優しく、スタイリッシュな空間をつくりだしてきた

小川浩一［訳］

1964年京都府生まれ。東京大学大学院総合文化研究科修士課程修了。英語とフランス語の翻訳を児童書から専門書まで幅広く手掛ける。主な訳書に『アーティストのための形態学ノート』（青幻舎）、『GRAPHIC DESIGN THEORY』（ビー・エヌ・エヌ新社）、『ディープラーニング 学習する機械』（講談社）など

ジャクソン・ギャラクシーの猫を幸せにする部屋づくり

2023年11月27日　初版第1刷発行

著者	ジャクソン・ギャラクシー ケイト・ベンジャミン
訳者	小川浩一
発行者	三輪浩之
発行所	株式会社エクスナレッジ 〒106-0032 東京都港区六本木7-2-26 https://www.xknowledge.co.jp
お問い合わせ **編集**	TEL：03-3403-1381 FAX：03-3403-1345 info@xknowledge.co.jp
販売	TEL：03-3403-1321 FAX：03-3403-1829